栄養科学シリーズ

NEXT

Nutrition, Exercise, Rest

基礎統計学

鈴木良雄・廣津信義／著

第2版

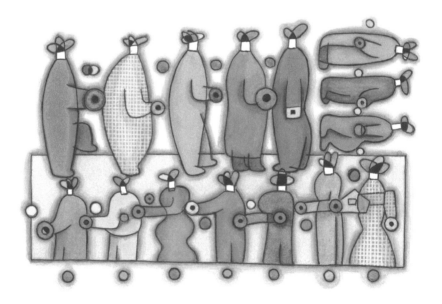

講談社

シリーズ総編集

桑波田雅士　京都府立大学大学院生命環境科学研究科 教授
塚原　丘美　名古屋学芸大学管理栄養学部管理栄養学科 教授

シリーズ編集委員

青井　　渉　京都府立大学大学院生命環境科学研究科 准教授
朝見　祐也　龍谷大学農学部食品栄養学科 教授
片井加奈子　同志社女子大学生活科学部食物栄養科学科 教授
郡　　俊之　甲南女子大学医療栄養学部医療栄養学科 教授
濱田　　俊　福岡女子大学国際文理学部食・健康学科 教授
増田　真志　徳島大学大学院医歯薬学研究部臨床食管理学分野 講師
渡邊　浩幸　高知県立大学健康栄養学部健康栄養学科 教授

執筆者一覧

鈴木　良雄　順天堂大学大学院スポーツ健康科学研究科教授
廣津　信義　順天堂大学大学院スポーツ健康科学研究科教授

（五十音順）

まえがき

　本書は 2012 年 9 月に刊行した，栄養科学シリーズNEXT の『基礎統計学』の改訂版である．構成や内容に大きな変更はないが，フルカラー化してより見やすい紙面となった．また各章末に新たに演習問題を設けた．

　本書は，初めて統計学を学ぶ人を対象に，栄養学の幅広い領域で遭遇する統計的な用語や考え方について，基礎的な知識を提供することを目的としている．そのため，数学的な理論(数式)にはあまり立ち入っていない．

　一方で，マイクロソフト・エクセル(Excel)の関数を使った計算式を示したところがある(式を赤字で示してある)．分析結果の表示には比較的安価で直感的に操作できるアドインソフト Statcel 5(『4Steps エクセル統計　第 5 版』(オーエムエス出版)の付録)による出力を参考にもした．

　本文中あるいは表中，図中に示した小数点のついた統計量(平均値など)の最後の桁はそれ以下の桁を四捨五入して丸めてある．そのため記載された数値をそのまま用いて計算しても，本書に示された統計量と一致しないことがある．

　統計学ではさまざまな確率分布を用いる．本書では，正規分布については章(5章)を設けて説明している．これは正規分布の性質やその使い方を通じて，統計学的な考え方を理解するためである．それ以外の分布については正規分布の応用と考えてほしい．

　本書は，データの性質(2 章)や，集団から得られたデータの整理方法(3 章, 4 章)について学び，その後に，さまざまな手法や考え方(5 章から 15 章)について学ぶという構成になっている．全体を通して，統計学の概要を理解してほしい．

　より発展的な内容を知りたいという方は，数学的な統計学の教科書や，医学統計学，多重比較，多変量解析，疫学，実験計画法など，それぞれの分野の教科書へ進んでほしい．そうした専門書を読むための基礎体力を養うことができれば，著者の狙いは大成功である．

　なお初版を出版した際にご助言をいただいた須藤紀子先生(お茶の水女子大学 教授)に感謝いたします．

　　2024 年 2 月

鈴木　良雄

廣津　信義

栄養科学シリーズ NEXT
刊行にあたって

　「栄養科学シリーズNEXT」は，"栄養 Nutrition・運動 Exercise・休養 Rest"を柱に，1998年から刊行を開始したテキストシリーズです．「管理栄養士国家試験出題基準(ガイドライン)」を考慮した内容に加え，2019年に策定された「管理栄養士・栄養士養成のための栄養学教育モデル・コア・カリキュラム」の達成目標に準拠した実践的な内容も踏まえ，発刊と改訂を重ねてまいりました．さらに，新しい科目やより専門的な領域のテキストも充実させ，栄養学を幅広く学修できるシリーズになっています．

　この度，先のシリーズ総編集である木戸康博先生，宮本賢一先生をはじめ，各委員の先生方の意思を引き継いだ新体制で編集を行うことになりました．新体制では，シリーズ編集委員が基礎科目編や実験・実習編の委員も兼任することで，より座学と実験・実習が連動するテキストの作成を目指します．基本的な編集方針はこれまでの方針を踏襲し，次のように掲げました．

　・各巻の内容は，シリーズ全体を通してバランスを取るように心がける
　・記述は単なる事実の羅列にとどまることなく，ストーリー性をもたせ，学問
　　分野の流れを重視して，理解しやすくする
　・図表はできるだけオリジナルなものを用い，視覚からの内容把握を重視する
　・フルカラー化で，より学生にわかりやすい紙面を提供する
　・電子書籍や採用者特典のデジタル化など，近年の授業形態を考慮する

　栄養学を修得し，資格取得もめざす教育に相応しいテキストとなるように，最新情報を適切に取り入れ，講義と実習を統合して理論と実践を結び，多職種連携の中で実務に活かせる内容にします．本シリーズで学んだ学生が，自らの目指す姿を明確にし，知識と技術を身につけてそれぞれの分野で活躍することを願っています．

シリーズ総編集　　桑波田雅士

塚原　丘美

基礎統計学 第2版−目次

6. 標本の抽出法と標本の性質 ……… 44

7. 検定の考え方 ……… 52

8. 2 群の平均値の比較 ……… 62

1. 栄養学と統計学

ブレーズ・パスカル（1623 〜 1662）
フランスの哲学者．友人からの賭けについての
質問に答えるために，確率と期待値の概念を導
入した．これが確率論の嚆矢となり，その確率
論が統計学の基礎になっている．

1.1 統計学とは

「統計学」は，英語では"statistics"というが，これは「立っている様子」「姿勢」
という意味のラテン語"status"に由来する．18世紀ドイツの政治学者ゴッドフ
リード・アッヘンヴァル（1719 〜 1772）が，1749年に著書の中で「国家の科学」
という意味で使った"statistik"が一般化した用語である．

ラテン語の語源からわかるように，当初の意味は，国家がどういう状態にある
かを記述するものであった．しかしその後，国家に限らず，あらゆる種類の情報
を集計したものに意味が拡大した．そして，さらにそうしたデータの分析や解釈
にまで意味が広がった．いまでは情報やその収集方法だけでなく，多くのばらつ
きのある情報を整理すること，またそれらがもつ共通の性質や規則性などを数学
的に解釈することまで含意するようになった．

こうした歴史的経緯から，統計学には，「記述統計」と「推測統計」と大別さ
れる領域がある．

記述統計は，データの分布特性を記述するものである．医師で政治家でもあっ
たウィリアム・ペティ（1623 〜 1687）が著書『政治算術』で，平均値，比，率な
どを用いて，各種の経済事象を解説したのが始まりとされている．

記述統計の例として，人口動態統計，食料需給表，国民健康・栄養調査などが
挙げられる．こうした統計では，集めたデータを記述する数値として平均値，標
準偏差などが用いられている．

一方，推測統計は，データの分布特性に基づいて，**標本**から**母集団**についての
推測を行う数学的な方法である．推測統計は，確率論を基礎に成り立っている．
そしてその確率論は，17世紀にフランスの数学者ブレーズ・パスカル（1623 〜
1662）が友人から受けたギャンブルについての質問に興味を持ったのが始まりと

データ：データはい
くつかの値（要素）に
よって構成される．
要素には，測定や観
察によって得られる
定量的な値や，性別
（男性，女性），居住
地などの定性的な値
がある．またデータ
は，単一の項目に分
類される要素のみで
構成されている場合
もあるが，複数の項
目に分類される要素
で構成される場合も
ある．例えば，身長
（cm）のみで構成さ
れるデータもある
が，性別，身長，体
重（kg）のように複
数の項目で構成され
る場合もある．ま
た，データの項目を
変数と呼ぶこともあ
る．

母集団：対象となる
集団全体を母集団と
いう．たとえば，日
本人全体を対象とし
た場合には，全日本
人が母集団となる．

されている．推測統計は，母集団から抽出していた標本を解析して母集団を客観的に説明する方法である．

　対象となる集団全体(母集団)を調べることができれば正確な情報が得られるが，実際に行うのは困難なので，一部(標本)を取り出して，そこから全体の様子を推測することはよく行われる．たとえばテレビの視聴率や，選挙の出口調査からみた当選予測なども，推測統計の例である．

　このように，記録されたデータそのものも，それを解釈する方法も「統計学」の対象に含まれる．また，「統計学」には，統計資料の収集の方法や，統計解析を行うためのデータを集めるためにどのような実験をするか(実験計画法)といったものも含まれている．

1.2 栄養学における統計学

　栄養学も幅広い．「食品学」や「調理学」だけではなく，「生化学」，「基礎有機化学」，「基礎生物学」といった理学的な分野から，「病理学」，「臨床医学」，「解剖学」といった臨床的な学問，さらには「公衆衛生学」，「行動科学」といった分野まで含まれる．栄養学は総合的な学問である．

　栄養学と統計学は切っても切れない関係にある．というより，科学全般と統計学が強く結びついている．

　現在，人類は，他の生物がかつてなしえなかったほどの，優れた文明を築き上げている．それを成し遂げられたのは，経験から多くのことを学び，その内容を後世に伝えてきたからである．そして，その伝達と学習を高度に効率化したのが，科学的な考え方である．科学では，自然界の現象を客観的に観察し，そこから一般的な法則を見出して応用する．そして，客観的な観察を行ったり，観察結果から一般的な法則を見出すのに統計学が用いられる．つまり，統計学は科学を支える基礎なのである．

　以上の理由から，栄養学における統計学を考えてみる．

　先に見たとおり，総合科学である「栄養学」には実に多種多様な領域が含まれる．そして科学である以上，すべての領域で，統計学的手法により普遍的な法則を得て応用するというのが基本になっている．つまり，統計学は栄養学の基礎となっている．

標本：母集団から取り出されたデータを標本という．たとえば，日本人全体を母集団とする調査で，日本人から無作為に1000人を選んで測定などを行って得られたデータは標本である．

抽出：母集団から標本を抽出することを「サンプリング」ともいう．

1.3 統計学を学ぶにあたって

A. 数学が苦手でも怖くない

　統計学には，純粋に数学的な側面と，実践科学的な側面がある．したがって，統計学を理解するには，両者の側から考えることができなければならない．しかも，統計的な推測を行うためには，難しい数学が必要とされる．しかし，数学的な理論を完璧に理解していなくても，統計的解析を行ったり，得られた結果を解釈することはできる．

　これは日常的に使う道具と同じだ．たとえば，携帯電話がどのようにして通話やインターネット接続を行っているのかを理論的に知らなくても，使い方を正しく知っていれば，通話やメールをしたり，WEB で調べものをしたりするのに困ることはない．

　管理栄養士・栄養士にとっての統計学も，正しい使い方を覚えるのが重要なのだと考えれば，数学が苦手でも怖くはない．

B. 統計学は今後ますます必要とされる

　近年，情報通信技術の発展により，大容量データの処理・共有がますます容易になってきている．それに伴い医療・栄養分野の実践面においては，メタアナリシスや網羅的な文献検索に基づく系統的レビューが精力的に行われ，"Evidence-based" であることが重視されるようになった．研究面では，メタゲノム解析やメタボローム解析などが新たな地平を切り拓いている．そして最近は，日常生活でもデータサイエンスや人工知能(AI)が注目されるようになっている．

　こうした動きに共通するのは，大量のデータの中から普遍的な知見を得るという活動であり，そのために統計学的手法が用いられている．

　今後もこの流れは変わらず，むしろさらに大きくなっていくことは間違いないだろう．統計学を理解することは，とても重要である．

メタアナリシス：共通の研究課題に取り組んだ複数の研究の結果を統合して分析する手法．

第 1 章　演習問題

【1】　「統計　厚生労働省」をキーワードとしてインターネット検索を行い，厚生労働省がどのような統計調査を行っているかを調べてみよう．

【2】　「政府統計の総合窓口（e-Stat）」の Web サイト（https://www.e-stat.go.jp/）では，厚生労働省が実施する「国民・健康栄養調査」のデータが公開されている．興味のある項目のデータにアクセスし，「DB」のボタンをクリックして統計表やグラフを開いてみよう．また，EXCEL データをダウンロードして，コンピューターでグラフを描いてみよう．

2. データの種類

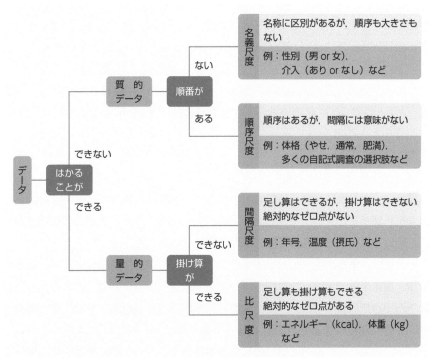

林 知己夫（1918 ～ 2002）
日本の統計学者．社会調査・世論調査における
サンプリング方法の確立や，質的データを数量
化して解析する数量化理論の開発などを行っ
た．

　統計解析の目的は，ある集団の特徴を数量的に明らかにすることであるが，そ
のための基礎になるのがデータである．データには種類がある．

　統計解析で扱うデータの種類は，「量的」か「質的」かという観点で大きく 2
つに分けられる（2.1 節で詳述）．さらに，それぞれが順序の有無，あるいはゼロ点
の有無により 2 つに分けられ，合計 4 つの尺度に分類される（図 2.1）．それぞれ
の尺度に応じて，統計処理の方法が違うので，扱うデータがどの尺度に分類され
るのかをよく理解しよう．

　また，データは，値が連続的かそうでないかによって，連続データと離散デー
タとにも分けられる（2.2 節で詳述）．

図 2.1　データの種類

				名義尺度	名称に区別があるが，順序も大きさもない
			ない		例：性別（男 or 女），介入（あり or なし）など
	質的データ	順番が			
			ある	順序尺度	順序はあるが，間隔には意味がない
データ	はかることが				例：体格（やせ，通常，肥満），多くの自記式調査の選択肢など
	できない				
	できる		できない	間隔尺度	足し算はできるが，掛け算はできない 絶対的なゼロ点がない
					例：年号，温度（摂氏）など
	量的データ	掛け算が			
			できる	比尺度	足し算も掛け算もできる 絶対的なゼロ点がある
					例：エネルギー（kcal），体重（kg）など

2.1 | 量的データと質的データ：
はかることができるかできないか

A. 量的データ：はかることができる

量的データは，数えたり，ものさしなどではかったり（計測）して得られる，連続的な数字で表されるデータである．計量データ(measured data)ともいう．量的データには，複数の値について足し算や引き算ができるという特徴がある．

たとえば，エネルギー（単位は kcal）について考えてみよう．300 kcal のフライドポテトを含む 700 kcal のハンバーガーセットがあったとしたら，セットからフライドポテトを除くと，残りのエネルギーは 400 kcal になる．また，このハンバーガーセットに 200 kcal のドリンクを追加すると，エネルギーの合計は 900 kcal になる．このように 2 つのデータの足し算・引き算ができるのは，エネルギーが量的データで，100 kcal，200 kcal といった数値の差に意味があるからである．

量的データ：データの差（間隔）に意味がある

量的データは，数値に絶対的なゼロ(0)点があるかないかによって，さらに**比尺度**と**間隔尺度**とに分けられる．数値に絶対的なゼロ点があると（比尺度の場合），数値の足し算・引き算だけでなく，掛け算・割り算もできるという特徴がある．

たとえば，エネルギー (kcal)には絶対的なゼロ点（エネルギーがまったくない状態）があるので，比尺度だ．ここに 1 枚 100 kcal のビスケットがあったとすると，前述のハンバーガーセットのエネルギー (700 kcal)は，このビスケットの「7 倍」であると，比で表現することができる．これに対して，西暦のようにゼロ点があっても，それが歴史的な事情で決まっていて絶対的な性質でない場合，西暦 1000 年と西暦 2000 年の差は 1000 年であるが，2000 年は 1000 年の「2 倍」であるとはいえない．

比尺度→絶対的なゼロ点がある（掛け算・割り算もできる）
間隔尺度→絶対的なゼロ点がない

B. 質的データ：はかることができない

質的データは性別や食品分類などのように，分類はできるが，データ間の足し算や引き算ができないデータである．質的データは，さらにデータ間に順番があるかないかによって，**名義尺度**と**順序尺度**に分けられる．

たとえば，管理栄養士のカリキュラムには，基礎栄養学，応用栄養学，栄養教育論，臨床栄養学といった専門分野がある．これらの科目には，どれが上でどれが下といった順番はない．一方，食物摂取頻度調査における，1 回に食べる量についての設問に対する回答の選択肢「0. 食べない 1. 少し 2. ふつう 3. たっぷり」の数字には，食べる量に応じた順番がある．データ間に順番がないデータ

質的データ：データの差（間隔）に意味がない
名義尺度→データに順番がない
順序尺度→データに順番がある

でも名前には意味があるので「名義尺度」, 順番もあるデータを「順序尺度」と呼ぶ.

先ほど示した4つの選択肢には, 量に応じた順番があるが, 「1. 少し」と「0. 食べない」の差(間隔)と, 「3. たっぷり」と「2. ふつう」の差(間隔)は同じではないので, データ(回答の番号)について足し算・引き算することはできない. もちろん「1. 少し」の2倍が「2. ふつう」というわけでもないので, 掛け算・割り算もできない. このようにデータ間の差(間隔)には意味がないので, 順序尺度は量的データではなく質的データである.

C. パラメトリックとノンパラメトリック：母集団に仮定を設けるか

データの解析手法は, パラメトリックな手法とノンパラメトリックな手法に大きく分けられる.

パラメトリック(parametric)というのは, ギリシャ語の「para(並んで：beside)」と「metron(尺度, 寸法：measure)」からできた言葉で, 日本語では「母数の」とか「変数の」と訳される. パラメトリックな手法では母集団について, たとえば正規分布(第5章参照)のような分布を仮定している.

これに対してノンパラメトリックな手法では, 母集団についてまったく仮定を設けない. したがって, 母集団の分布がどうなっていようが, 無関係に適用可能である. この母集団の分布型を問わないということから, 英語では「distribution free」な手法ともいう.

簡単に言うと, パラメトリックな手法は, 母集団についていろいろと前提条件があり, 数値の大小の程度まで考慮して解析でき, 有意差(「有意」という言葉については第7章で詳述)も出やすい方法である. ノンパラメトリックな手法は, 前提条件はないが, パラメトリックな手法よりは有意差の出にくい方法といえる.

したがって, 量的データの場合には, 原則としてパラメトリックな手法により解析され, それが適用できなかった場合にノンパラメトリックな手法で解析される. もちろん, 質的データはノンパラメトリックな手法で解析される.

本書では, 統計学の基礎を理解するという点から, まず量的データの(パラメトリックな)統計手法について学び, その応用として質的データの(ノンパラメトリックな)統計手法について学ぶことにする.

D. データ変換における注意点

解析のために, 量的データを質的データに変換することがある. たとえば, 年齢を10歳ごとに区切って, 10代, 20代, 30代, ……としてみたり, 喫煙本数を0本(吸わない), 1日10本以下, 1日20本以下, ……とする場合である. 量的データを質的データに変換する場合には, その処理が適切かどうか注意が必

要である.

　しかし，量的データである年齢を「20 代」という質的データにしてしまうと，20 歳でも 29 歳でも同じになってしまう．30 歳の誕生日を翌日に控えた人が「今日までは 20 代だからね！」と言っているのを聞いたら，たしかに 20 代ではあるが，この人が誕生日を迎えたばかりの初々しい 20 歳と同じ 20 代とはね，と苦笑いするしかない.

　このように量的に把握されているデータを質的データに変換すると，せっかくの詳細な情報が失われてしまう．後々量的データを紛失したりして再びもとの量的データへ戻すことができなくなってしまったり，別の誰かが量的に比較したいと思ってもできなかったりする.

　一方，喫煙本数の場合，ちょっと吸っただけで消してしまった 1 本と，フィルターが焦げる寸前まで吸った 1 本とを同じ「1 本」とすることに疑問を感じる．このように変数自体が不正確とわかっている場合には，ある程度まとめてしまうほうが，傾向をより正確に把握できる場合もある.

　このように，量的データを質的データに変換すると，もともとあった量的な情報は失われてしまうが，全体の傾向がわかりやすくなる場合もある．ただしデータを変換する場合には，将来的に元に戻って解析ができるように変換前のデータも保存しておく必要がある.

2.2 連続データと離散データ

　データは，そのとりうる値が連続的かどうかによっても分類される．連続的な値をとるのは連続データ，そうでないものは離散データだ．それぞれの性質を簡単に整理しておこう.

A. 連続データ：どこまでも細かくなる

　体重(kg)や血圧(mmHg)のように，実験や観察から得られるデータの多くは連続的な数値として測定される．これらの数値のように，原理的にはどこまでも細かく測定できるデータが**連続データ**である.

　たとえば，人の体重は通常，55.5 kg のように kg 単位で小数点以下 1 桁までで表示されるが，体重計の精度さえ許せば g，mg，……とどこまでも細かく計測することが可能である．このように，理論的にはどこまでも細かく量ることができるのが連続データである.

B. 離散データ：とびとびの値しかとらない

離散データというのは，とびとびの値しかとらないデータのことである．量的データでも，量るのではなく数えるデータは離散データである．

たとえば，虫歯の数は，1本，2本，……と数えることができるが，1.5本と数えることはできない．同様に人数も，1人，2人，3人，……と数えることはできるが，「A君は半人前だから0.5人」と数えることはできない．

第2章　演習問題

【1】　以下のa～dのデータはそれぞれ，名義尺度，順序尺度，間隔尺度，比尺度のどれか．また，それはなぜか？
- a．血糖値(mg/dL)
- b．血液型(ABO式)
- c．地震の震度
- d．摂氏温度(℃)

【2】　あるお菓子(1個，30 g)の大食い大会で，参加者の食べた量を表現しなければならない．表現方法は総重量か個数の2通りが考えられるが，総重量は連続データであり，個数は離散データである．

この例のように，見方によって連続データとしても離散データとしても扱えるものの例を考えてみよう．ただし，離散データとして総重量を使ってはいけない．

【3】　【2】で考えた例について，どんな場合に連続データとして扱ったほうがよいのか，そしてどんな場合に離散データとして扱うべきかを考えてみよう．

3. 度数分布図と代表値

ジョン・テューキー（1915 ～ 2000）
アメリカの統計学者．箱ひげ図や3群以上の
平均値の比較法であるテューキー法を開発．
ジョン・フォン・ノイマンと一緒にコンピュー
ターの開発も行った．

この章では，量的データの把握方法と表現方法，さらには統計処理のための整理方法について学ぶ．

3.1 | 度数分布図（ヒストグラム）

量的データがたくさんあった場合，羅列された数値を見ても全体像はわからない．こういうときは，図にしてみることで全体の傾向が摑める．

とくに，データの散らばり（ばらつき）具合（分布）を知るのには，**度数分布図**（ヒストグラム）を描いてみるとよい．度数分布図は，観測値を一定の間隔（階級幅）で区切り，その間隔に入るデータの数（度数）を縦軸に，観測値の間隔を横軸として縦棒グラフにしたものである．

A. 度数分布図の描き方

仮想のデータを使って，度数分布図の描き方を学ぼう．

ある集団（105 人）について，各自の血清総コレステロール濃度（mg/dL）を測定して，表 3.1 のデータが得られたとする．まず，これを整理しよう．

血清総コレステロール濃度：本書ではこれ以降，血清コレステロールと略す．

データの最大値と最小値のあいだを 10 ～ 20 個くらいに分けると見やすくなる．このデータは，最小値が 127 で最大値が 247 なので，120 から 250 まで10 刻みの 13 個の範囲に分けることにする．この区切った範囲を**階級**，その幅を**階級幅**，階級幅の中央の値を**階級値**という．

それぞれの階級にあるデータの個数を度数として整理したのが，**度数分布表**（表 3.2）である．

度数分布表には階級ごとの度数だけでなく，**相対度数**（各階級の度数の全体に対する比率）や，**累積度数**（最小の階級からその階級までの度数の総数），**累積相対度数**（累積度数の全体に対する比率）も整理しておくとよい．これらの値は，分布の形を表現する

表 3.1　ある集団（105人）の血清コレステロール（mg/dL）

165	173	147	190	150	169	153
179	181	192	185	154	181	202
192	172	189	152	183	179	164
174	146	214	175	159	176	183
133	159	186	181	167	212	181
173	195	146	150	174	167	160
209	162	173	207	247	163	149
181	174	165	184	148	156	226
219	202	170	192	178	157	218
175	181	160	156	206	140	181
176	173	180	154	160	158	188
174	245	188	188	177	155	179
161	195	202	225	180	188	156
159	134	231	207	208	218	167
156	181	163	167	190	127	228

表 3.2　ある集団の血清コレステロールの度数分布表

階級(mg/dL)	階級値	度数(人)	相対度数	累積度数	累積相対度数
120 以上～ 130 未満	125	1	0.010	1	0.010
130 以上～ 140 未満	135	2	0.019	3	0.029
140 以上～ 150 未満	145	6	0.057	9	0.086
150 以上～ 160 未満	155	16	0.152	25	0.238
160 以上～ 170 未満	165	15	0.143	40	0.381
170 以上～ 180 未満	175	19	0.181	59	0.562
180 以上～ 190 未満	185	20	0.190	79	0.752
190 以上～ 200 未満	195	7	0.067	86	0.819
200 以上～ 210 未満	205	8	0.076	94	0.895
210 以上～ 220 未満	215	5	0.048	99	0.943
220 以上～ 230 未満	225	3	0.029	102	0.971
230 以上～ 240 未満	235	1	0.010	103	0.981
240 以上～ 250 未満	245	2	0.019	105	1.000
計		105	1.000		

うえで役に立つ．とくに，四分位数（しぶんい）(3.3 節参照)などを求めるときに使える．

　度数分布表をもとに，横軸に階級，縦軸に度数をとってグラフにしたのが度数分布図（ヒストグラム）である．表 3.2 の度数分布表から，図 3.1 の度数分布図が描ける．このように度数分布図を描いてみると，データがどのように分布しているのかを視覚的にとらえることができる．

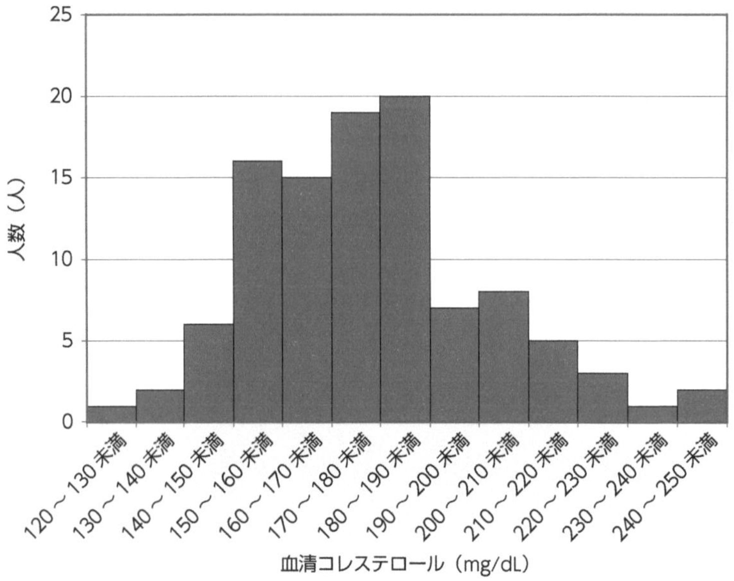

図 3.1　ある集団の血清コレステロールの度数分布図

度数分布表(表 3.2)では，量的データである血清コレステロール(mg/dL)を質的データ(順序尺度)である濃度範囲(階級)に変換している．こうすることで全体の様子は理解しやすくなるが，もともとあった個々の血清コレステロール(mg/dL)の情報が失われてしまう．

2 章でも述べたが，量的データを質的データに変換する際には，もとの個々のデータは消去せずに，保存しておくこと．

B.　さまざまな分布の形の例

度数分布図を描くことによって，たくさんの量的データの分布を図形として視覚化することができる．その例として，国民健康・栄養調査から，食塩と果実類の摂取状況を作成して見てみよう．

図 3.2 は 7,209 人分のデータをもとに描かれた度数分布図だ．この図を眺めると，食塩の摂取量の分布(図 A)は 9 〜 10 g をピークとして，ほぼ左右対称な山形をしている．果実類の摂取量の分布(図 B)は 0 g(食べない)が最も多く，そこから細かい凹凸はあるが右肩下がりになっている(摂取量が多い階級ほど度数が少ない)．同じ人たちでも，食塩と果実類では摂取傾向がまったく異なることがひと目でわかる．

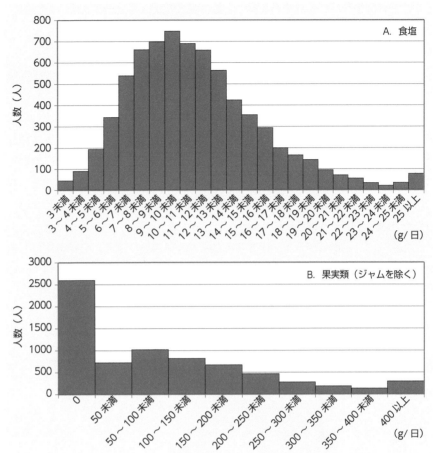

3.2 | 代表値：ひとつの数字でデータの分布の特徴を表す

　統計の目的のひとつは，分布の特徴を数量的に明らかにすることである．つまり，たとえば前節で描いた図 3.2 のようなデータの分布の特徴を，なんらかの数字で表現したい．そこで，分布の特徴をたったひとつの数字で表現する方法が考えられていて，そうした数字を**代表値**という．代表値には，平均値，中央値，最頻値，最小値，最大値がある．ここでは，平均値，中央値，最頻値の 3 つを説明する．

A.　平均値

　代表値といって，まっさきに思い浮かぶのが**平均値**だろう．集団に含まれるす

べての要素の値を足して，それを要素の数で割ったのが平均値である．

$$平均値＝\frac{データの合計}{データの数}$$

図 3.2 のデータでは，食塩摂取量の平均値は 11.1 g，果実類摂取量の平均値は 115.0 g である．これを度数分布図に描き込んでみよう（図 3.3）．

食塩摂取量も果実類摂取量も，平均値は分布の山の頂上（最頻値という，3.2.C 項参照）とは違ったところにあることがわかる．この度数分布図を見て，平均値が分布を代表しているといえるか考えてみてほしい．食塩摂取量（図 3.3A）については，平均値が最頻値と近いので，分布を代表しているとみなしてもいいかもしれない．一方，果実類のデータでは，平均値が最頻値から大きく離れているため，分布を代表しているとは言いにくい．

このように，平均値が分布を代表するかどうかは場合による．分布形状が左右対称な場合は，平均値はその集団の特徴をよく表すことができる．しかし，分布

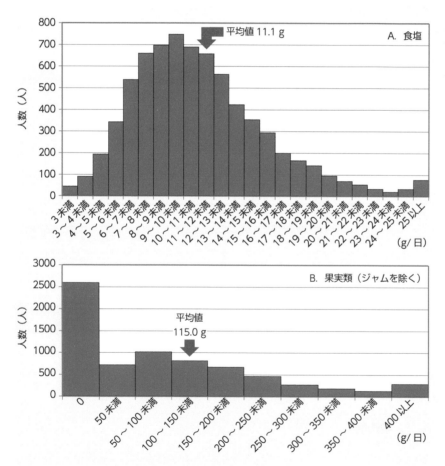

図 3.3　食塩（A）と果実類（B）の摂取状況と平均値
（平成 19 年国民健康・栄養調査：20 歳以上）

の形が左右対称ではない場合，代表値として平均値を用いるのは無理がある．

B. 中央値（メディアン）

中央値は，データを大きさの順に並べたときに順番が中央になる値である．つまりデータが3つある場合は2番目のデータ，4つある場合は2番目と3番目のデータの平均値が中央値となる．

図3.2のもとになった国民健康・栄養調査結果によれば，食塩摂取量の中央値は11.3 g，果実類摂取量は50〜100 g未満の中にある．これを度数分布図に描き込んでみよう（図3.4）．

食塩摂取量については，中央値は平均値と同じように，分布を代表しているようにも見える．果実類についてはどうだろう．こちらの中央値は平均値よりは，分布を代表しているように見える．

中央値は，データに含まれる要素数をちょうど半分に分ける値である．100

図3.4 食塩（A）と果実類（B）の摂取状況と中央値
（平成19年国民健康・栄養調査：20歳以上）

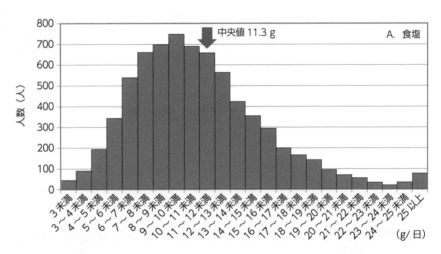

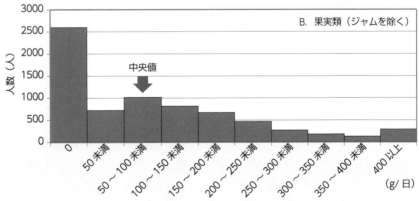

個のデータがあれば中央値以上のデータも，中央値以下のデータも50個ずつになる．そういった意味では，特に分布が偏っている場合には，中央値は集団の代表値として平均値よりも有用な値である．

C. 最頻値

最頻値はデータの中で最も多く出現する値である．度数分布図の中では，最も度数の大きい(棒の高さが高い)階級値が最頻値に相当する．

図3.2のデータでは，食塩摂取量の最頻値は9.5 g，果実類摂取量の最頻値は0 g(食べない)である．これを度数分布図に描き込んでみよう(図3.5)．

中央値，平均値も含めた代表値の性質について，あとでまた紹介する(3.6節参照)．

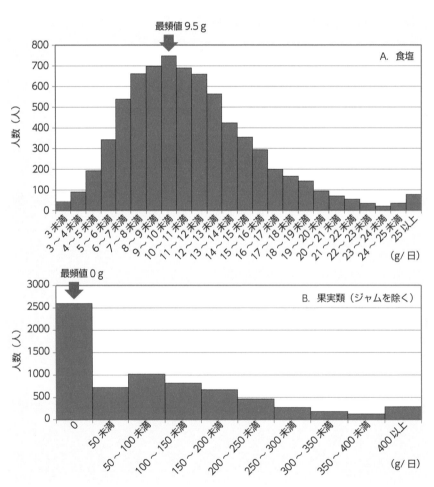

図3.5 食塩(A)と果実類(B)の摂取状況と最頻値
(平成19年国民健康・栄養調査：20歳以上)

　　　3. 度数分布図と代表値

3.3 | 四分位数：データに含まれる要素の数を4等分する

代表値（平均値，中央値，最頻値）は集団の特徴を表す数値であるが，1つの数値だけでデータの分布を示すことはできない．そこで，分布の様子を表すのに使われるのが，**四分位数**である．

中央値はデータに含まれる要素の数を半分に区切る値だったが，四分位数は

図 3.6 四分位数

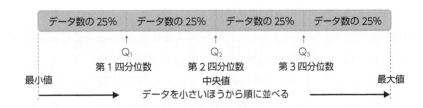

図 3.7 食塩（A）と果実類（B）の摂取状況と四分位数
（平成19年国民健康・栄養調査：20歳以上）

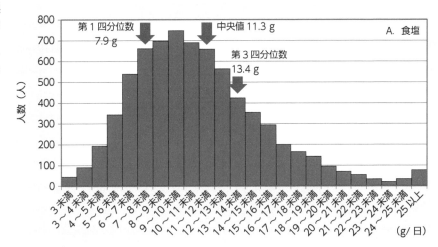

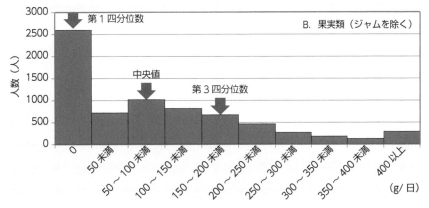

データに含まれる要素の値を大きさの順に並べ，等しく4つに分ける値である．小さいほうから第1四分位数（Q_1），第2四分位数（Q_2），第3四分位数（Q_3）と呼ぶが，第2四分位数は中央値と等しい（図3.6）．四分位数は，データ数を4等分する（25%ずつに分ける）ので，第1四分位数を25パーセンタイル，第3四分位数を75パーセンタイルともいう．

ここで，四分位数を表す「Q」は，四分位数を表す英単語"quartile"の頭文字をとっているからである．1/4のことを英語でクォーター（quarter）というが，"quartile"はそこから派生した用語で，「クォータイル」と読む．

国民健康・栄養調査の食塩の摂取量（図3.2A）について，第1四分位数は7.9 g，第3四分位数は13.4 gである（図3.7）．ここから，食塩は中央値11.3 gを中心として，7.9～13.4 gのあいだにデータ全体の50%が入ることがうかがえる．

果実類については，度数分布表のみで四分位数は公表されていないが，どの階級に入るかはわかる．第1四分位数は0 g，第3四分位数は150～200 gにある．

度数分布図（表）から四分位数を求める方法

度数分布図（表）は量的データを，階級という順序尺度（質的データ）に変換してそれぞれの階級のデータ数を表したものである．度数分布図（表）にすることで，全体の分布を理解しやすくなるが，2章（2.1.D項）で述べたように，量的データを質的データに変換すると，もともとの情報が失われる．

国民健康・栄養調査の報告書では，果実類については，度数分布表が公表されている．これを図3.2のように視覚化することで，全体の分布状況はよく理解できるようになるが，中央値や四分位数はわからなくなってしまった．

こういった場合，四分位数を含む階級（範囲）の中に「データは均等に並んでいる」と仮定して，度数分布表から四分位数を計算することがある．図3.2Bについて実際に計算すると，果実類の四分位数は下記のとおりになる．

第1四分位数（25パーセンタイル）	5.5 g
第2四分位数（中央値）	63.7 g
第3四分位数（75パーセンタイル）	167.8 g

3.4 | パーセント点（パーセンタイル）：データ数を 100 等分する

　四分位数はデータ数を 4 等分するが，データ数を 100 等分するのが**パーセント点**（パーセンタイル）である．パーセンタイルというのは，そこまでに全体の何%が入るかということ（累積相対度数）を表している．そして 50 パーセンタイルと 25 パーセンタイルのあいだには，全体の 25%（＝ 50 − 25）が含まれる（相対度数）．前節で，第 1 四分位数が 25 パーセンタイル，第 3 四分位数が 75 パーセンタイルともいわれることを紹介したが，これはデータ数を 100 等分したときの 25 番目の分位数，75 番目の分位数であることを示している．データ数を 100 等分することにより，4 等分した場合より分布の形が正確にわかるようになる．

　国民健康・栄養調査では，食塩摂取量について表 3.3 を公表している．表 3.3 を食塩の摂取量が横軸，相対度数が縦軸になるようにグラフに描いてみると，図 3.8 のようになる．

　このように，パーセンタイルからもとのデータの分布を知ることができる．この例では，食塩摂取量が中央値（11.3 g）を中心にほぼ左右対称な山のような形の分布をしていることがよくわかった．

表 3.3　食塩摂取量のパーセンタイル
（平成 19 年国民健康・栄養調査：20 歳以上）

パーセンタイル	1	5	10	25	50 (中央値)	75	90	95	99
摂取量(g)	3.4	5.1	6.1	7.9	11.3	13.4	16.9	19.4	25.1

図 3.8　食塩の摂取量と相対度数

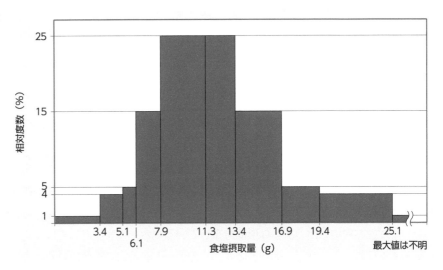

3.5 最小値，最大値と範囲

データの分布を表すのに，**最小値**，**最大値**，**範囲**（＝最大値−最小値）も用いられる．最小値と最大値については，とくに説明はいらないだろう．

範囲は，すべてのデータがその範囲にあることを示すので，計算も解釈も簡単である．ただ，極端な**外れ値**があった場合，その影響を受けやすいという欠点もある．

図3.9は，25個の整数からなる仮想データの分布である．AもBも中央値は7で，最小値3，最大値11，範囲は8で共通だが，分布の形は大きく異なる．Aは中央値を中心に左右対称な釣鐘型に分布しているが，Bは3と11にひとつずつデータがあるだけで，他のデータはすべて6，7，8のいずれかに集中している．

最小値，最大値，範囲は，外れ値がなく，分布の散らばりが大きくない場合に有用である．

外れ値：ほかのデータから大きく離れた値をもつデータ．

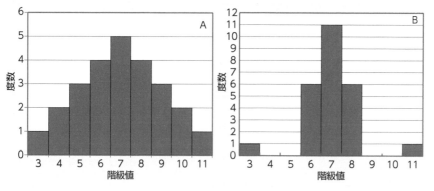

図 3.9　25 個の仮想データの分布

3.6 代表値の特徴： 平均値，中央値，最頻値の比較

データが左右対称に近い釣鐘型の分布をしている場合，平均値，中央値，最頻値はほぼ同じ値となる．一方，分布が左右どちらかに偏っている場合，3つの代表値の大小関係が異なってくる（図3.10）．

データが左右対称な山のような形に分布している場合，代表値としては平均値が最もよく使われる．ただ，平均値はすべてのデータを用いて計算されるため，

図 3.10　データの分布と平均値，中央値，最頻値

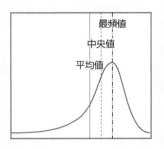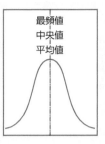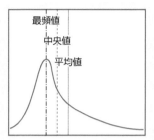

ほかのデータから極端に離れた外れ値があると，その影響を受けてしまう．

　これに対して，中央値，最頻値は，データを大きさ順に並べたときの位置を示す値なので，外れ値の影響を受けにくく，分布が偏っている場合には，平均値よりも優れている．四分位数，パーセンタイルも同様に，外れ値の影響を受けにくい．

　最頻値には，「一番多いのは〇〇です」と説明できるという，わかりやすい性質がある．

第 3 章　演習問題

【1】　e-Stat から，「令和元年国民健康・栄養調査」(調査時期 2019 年)の表 22-2「血圧の状況 – 年齢階級，日本高血圧学会による血圧の分類別，人数，割合 – 総数・男性・女性，20 歳以上〔血圧を下げる薬の使用者除外〕」のxlsx 形式の統計表をダウンロードし，男性の各年代の血圧分類の比率を棒グラフで表してみよう．

【2】　【1】で作った棒グラフから，年齢と血圧についてどんなことがわかるか箇条書きで書き出してみよう．

【3】　【1】で作った棒グラフから，年齢階級が「40 ～ 49 歳」と「50 ～ 59 歳」のデータだけを表示して，年齢と血圧についてどんなことがわかるか箇条書きで書き出してみよう．

【4】　【3】で箇条書きにした観察結果が女性でも当てはまるかどうか確認しよう．

【5】　血圧分布の代表値をどのようにしたらよいか考えよう．

4. データの散布度（散らばり）

ロナルド・A・フィッシャー(1890 〜 1962)
イギリスの統計学者．20世紀最大の統計学者
で，実験計画法，分散分析など革新的な業績を
生み出した．著書「研究者のための統計的方法」
(1925)は名著とされる．

　3章では，度数分布図，代表値のほかに，データの分布の指標となる数値をいくつか学んだ．この章ではさらに，データの散らばりの度合いを表現する指標について学ぶ．データの散らばりの程度を**散布度**という．

4.1 │ 四分位範囲と四分位偏差

　最大値，最小値からは，データの分布の範囲を知ることができるが，外れ値の影響を受けてしまうという性質があった．四分位数はデータを25%ずつに区切る数値であるので，1つ2つの外れ値の影響は受けにくく，端のほうにぱらぱらとデータがあり裾の広がった分布をしていたとしても，その影響を受けにくい．したがって四分位数を使うと，外れ値などの影響を少なくして，データの散らばり具合(散布度)を表現することができる(図4.1)．

　第1四分位数(Q₁)と第3四分位数(Q₃)のあいだの範囲を，**四分位範囲**という．中央値を代表値とする場合は，散布度を表すのに四分位範囲を用いるのがよい．四分位範囲を2等分した値を**四分位偏差**という．

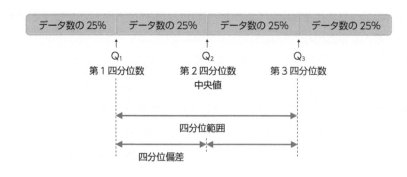

図4.1　四分位数と四分位範囲，四分位偏差

4.2 標準偏差：散らばりを表現する

　分布を表すのに四分位範囲と四分位偏差以上によく使われるのが，標準偏差である．

　標準偏差は，測定されたすべてのデータを使って計算される．代表値の 1 つである平均値はすべてのデータを足してデータの数で割った値であるが，この平均値をもとにして，データが平均値からどれだけ離れているか（偏差）を表すのが標準偏差である．いわば，すべてのデータの平均値からの差（偏差）を表す代表が標準偏差であり，分布が広ければ標準偏差が大きくなり，分布が狭ければ標準偏差も小さくなる．

　この標準偏差が，統計解析で大きな役割を担っている．

A.　標準偏差の求め方

　標準偏差の計算方法と，そこで出てくる用語を紹介しよう．

　いま，A ～ F の 6 人の血糖値を測定したら，表 4.1 のようなデータが得られたとする．この 6 人の血糖値の平均値は 103 mg/dL である．

　それぞれのデータの平均値との差を**偏差**という．

　表 4.1 で偏差をデータの下の行に入れる．偏差には総和がゼロになるという性質があるので，偏差の平均をとっても意味がない（必ずゼロになる）．

　偏差の合計がゼロになるのは，個々のデータには偏差の符号が正のものや負のものがあるからである．そこで，符号をすべて正にするために，それぞれの偏差を 2 乗してみる．表 4.1 では，偏差の 2 乗を偏差の下の行にいれてある．個々のデータの偏差の 2 乗（平方）を合計したもの（和）を**偏差平方和**という．

　偏差平方和は，平均値とデータとの差（偏差）が小さければ小さく，大きければ大きくなるので，データの散らばり具合と関連している．そこで，偏差平方和をデータ数で割ったもの，すなわち偏差の 2 乗（偏差平方）の平均値が散布度の指標として用いられる．これを**分散**という．

　分散はデータの散布度を反映する．つまり，分散が大きい場合は，平均値周辺から離れた領域まで，データが分布していることを表す．逆に，分散が小さい場

表 4.1　ある 6 人の血糖値（mg/dL）

	A	B	C	D	E	F	合計／平均値
血糖値（mg/dL）	94	121	104	87	98	114	103（平均値）
平均値（103）からの差（偏差）	－ 9	18	1	－ 16	－ 5	11	0（偏差の和）
偏差の 2 乗	81	324	1	256	25	121	808（偏差平方和）

表4.2　表4.1のデータから求めた統計量

データ数(n)	6	
平均値	103	
偏差平方和	808	
分散	134.67 ＝ 808/6	…偏差平方和/n
標準偏差	11.605 ＝$\sqrt{134.67}$	…分散の平方根

合，データの多くは平均値の近くにまとまっていることがわかる．

しかし，分散は，偏差平方(偏差の2乗)の平均なので，その単位はもとのデータの単位の2乗になっている．たとえば体重(kg)のデータの分散の単位は(kg^2)であり，平均値(kg)とは単位が違うので，セットで使いにくい(平均値と分散の和や差をとることは不自然である)．そこで，平均値と同じ単位にするために，分散の平方根をとったのが**標準偏差**である．

$\sqrt{分散}＝標準偏差$

表4.1のデータからは，表4.2の数値が導き出される．

データに含まれる要素の数※は，通常「n」と書かれる．これは英語で数を表す"number"の頭文字である．

B.　nか$n-1$か：母集団と標本

いま標準偏差の計算方法を紹介したが，表4.1のデータを統計解析ソフトで処理すると，標準偏差が12.712と出ることがある．これは，通常計算される「分散」が偏差平方和をnではなく$n-1$で割った値だからである．

統計の目的は，ある集団の特徴を数量的に明らかにすることであった．そのためにデータを集めて調べるのであるが，「ある集団」というのが何かによって，標準偏差の計算の方法が変わってくる．

通常，データを集めて解析するのは，そのデータから一般化できる情報を得たいからである．たとえば人口20万人のX町の人の食生活を調べたい場合，20万人全員を調査するのは不可能なので，そこから1,000人なり2,000人なり調査に協力者を募って，その人たちのデータを解析する．つまり「協力者」という標本のデータから，「X町の住人」という母集団について推測をするわけである．

このように，統計解析に用いるデータは，母集団から得られた(抽出された)標本のデータではあるが，統計解析によって求める平均値や分散，標準偏差は，母集団の平均値や分散，標準偏差を推定するための値である(図4.2)．

ここで，平均値がμ(ミュー)で標準偏差がσ(シグマ)の分布をしている母集団があったとする．標本を解析する目的は，母集団の平均値μや分散σ^2，標準偏差σを推測することである．

図 4.2 母集団と標本
標本から母集団を推測するのが統計解析

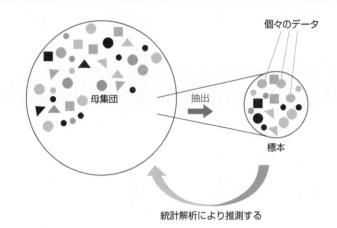

個々のデータ

母集団

抽出

標本

統計解析により推測する

図 4.3 標本から母集団の平均値と分散を推測する

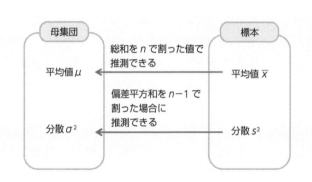

母集団

平均値 μ

総和を n で割った値で推測できる

平均値 $\bar{x}$

偏差平方和を $n-1$ で割った場合に推測できる

分散 σ^2

分散 s^2

標本

　では，標本を解析して得られる統計量から，母集団の統計量が推測できるのだろうか．詳しくは説明できないが，この問いは数学的に検討されている．結論として，平均値については標本の値が母集団の推測値になる一方で，分散はより適切な推測値の計算方法がある（図4.3）．具体的には，偏差平方和を標本のデータ数 n ではなく $n-1$ で割るとよい．

期待値：実現する可能性のある数値とその数値が発生する確率との積の総和のこと．

　分散は，偏差平方和の**期待値**であるが，母集団の平均値 μ の代わりに，標本の平均値 $\bar{x}$ を用いて計算する場合には，標本サイズ n ではなく $n-1$ で割るのである．そのため，標本から得られる統計量と，母集団の統計量とを区別しなければならない．

　標本では，偏差平方和を $n-1$ で割って得られる分散を，**不偏分散**（偏りなく母集団の分散を推測できる分散）といい，不偏分散の平方根を**標本標準偏差**という．通常，われわれが統計解析で計算するのは，この不偏分散と標本標準偏差である．

　　$\sqrt{\text{不偏分散}} = \text{標本標準偏差}$

　同じ「平均値」や「分散」であっても，母集団と標本で区別しなければならない．そこで，母集団の平均値を**母平均**（μ），分散を**母分散**（σ^2），標準偏差を**母標**

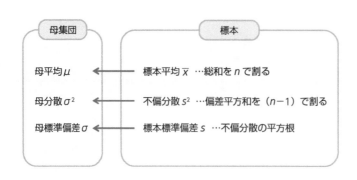

図 4.4　母集団と標本の統計量

準偏差(σ)といい，標本の平均値を**標本平均**(x̄)，分散を不偏分散(s²)，標準偏差を標本標準偏差(s)といって区別している(図 4.4).

　各指標を表す記号(文字)も，母集団と標本で区別する．一般に，母集団についての指標はギリシャ文字，標本に関する指標はローマ字を使う．標本平均は，英語の平均"mean" の頭文字をとって m，標本標準偏差は英語の標準偏差"standard deviation" の頭文字をとって SD と表されることもある(例：m ± SD).

　Excel で計算する場合は，母標準偏差は STDEVP 関数，標本標準偏差は STDEV 関数を用いる．すなわち，STDEVP 関数は偏差平方和を n で割った値の平方根を計算し，STDEV 関数は偏差平方和を n − 1 で割った値の平方根を計算する.

4.3 ｜ 代表値と散布度による分布の表現

　代表値と散布度を用いてデータの分布を表現することがある．そうした表現が実際どのような意味をもっているのかを視覚的に確認してみる.

　図 3.9 の 25 個のデータが，すべて整数からなる集団だとして統計量を求めると，表 4.3 が得られる．得られた代表値と散布度から，表 4.4 のように分布を表現することができる.

　これを度数分布図に描き込んでみると，図 4.5 のようになる．[平均値±標準偏差]では，A よりも B のほうが平均値の近くに集まって分布していることが，A よりも B の標準偏差が小さいことで表現されている．一方，[中央値と四分位範囲]では，A と B の区別がつかない.

　分布が偏っている場合もみてみる．ある集団(100 人)の ALT の活性(U/L)を測定したら，図 4.6 のように分布し，統計量は表 4.5 のとおりだった.

　平均値±標準偏差は 29.0 ± 26.6, 中央値(第 1 四分位数，第 3 四分位数)は 18

ALT：アラニンアミノトランスフェラーゼ(＝グルタミルトランスペプチダーゼ：GPT)

表 4.3　図 3.9 の集団の統計量

	A	B
データ数	25	25
平均値	7	7
不偏分散	4.2	1.8
標準偏差	2	1.4
最小値	3	3
最大値	11	11
範囲	8	8
第 1 四分位数	6	6
中央値	7	7
第 3 四分位数	8	8
四分位範囲	2	2

表 4.4　代表値と散布度による分布の表現

	平均値±標準偏差	中央値(四分位範囲)
A	7 ± 2.0	7(2)
B	7 ± 1.4	7(2)

図 4.5　25 個の仮想データ分布の代表値と散布度による表現

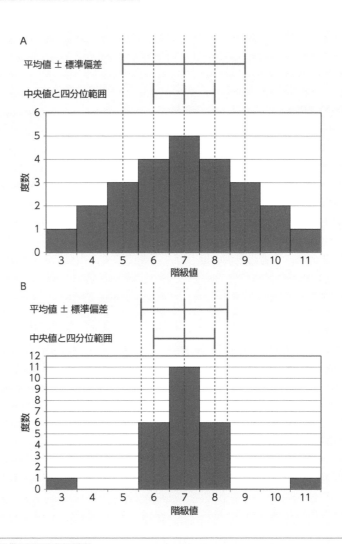

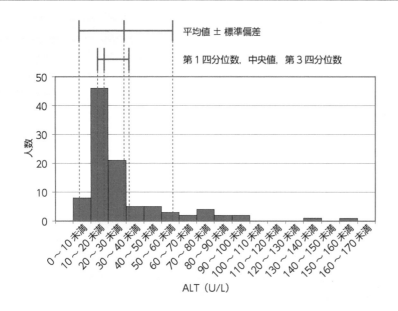

図 4.6　ある集団の ALT の分布

データ数	100	四分位範囲	16.5
平均値	29.0	最小値	7
標準偏差	26.6	最大値	157
第 1 四分位数	14		
中央値	18		
第 3 四分位数	30.5		

表 4.5　図 4.6 から求めた統計量

(14, 30.5)である．後者の表現のほうが，下側に狭く，上側に広く分布していることがわかりやすい．

　また，データの分布をグラフ上でわかりやすく表現する方法として，**箱ひげ図**がある（図 4.7）．箱ひげ図では，第 1 四分位数と第 3 四分位数で囲まれた箱の中に中央値を示す線が引かれており，箱からは，2.5 パーセンタイルと 97.5 パーセンタイルの値まで線が引かれており，そこから外れたものは別途プロットする．ただし，ひげの長さや外れ値の描き方については，ほかの方法もある．

図 4.7　図 4.6 の分布
の箱ひげ図による表現

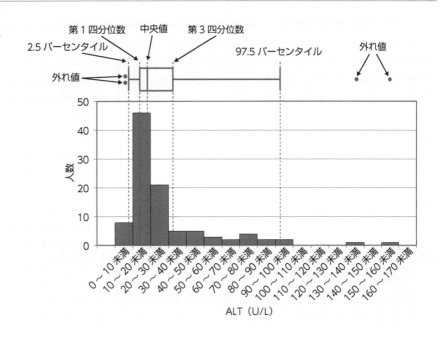

4.4 | 変動係数：
散らばりの程度を比較する方法

　平均値±標準偏差や中央値(四分位範囲)により，分布の様子を知ることはできるが，ほかのデータと散らばりの程度を比較したい場合には，もうひと手間必要となる.

　ここで，異なるデータ間で比較しやすいよう散布度を変形した，**変動係数**(CV)を導入する. これは，標本標準偏差 s を標本平均 $\bar{x}$ で割って求められ，通常は 100 をかけて%単位で表される.

　たとえば，ある人が体重と血圧を 3 ヵ月間毎日測定したデータから，それぞれの平均値±標準偏差を計算すると，体重は 56.2 ± 2.2 kg，血圧(収縮期)は 123.1 ± 8.7 mmHg だったとする. どちらのほうが散布度が大きいかを，この値からすぐに比較することは難しい. しかし，それぞれの変動係数を求めると体重は 3.9%，血圧は 7.1%となり，血圧のほうが体重よりも日々の変動が大きいことがわかる(図 4.8).

　変動係数は，平均値からの散布度の大きさを%表示したものなので，計測器や分析の精度(繰り返し測定した場合の散布度の大きさ)を表すのによく使われる. また，変動係数は相対標準偏差とも呼ばれることがある.

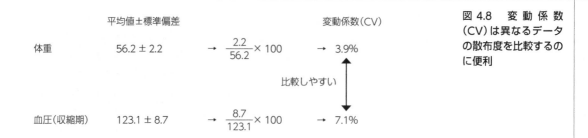

図 4.8　変動係数（CV）は異なるデータの散布度を比較するのに便利

	平均値±標準偏差		変動係数（CV）		
体重	56.2 ± 2.2	→	$\dfrac{2.2}{56.2} \times 100$	→	3.9%
血圧（収縮期）	123.1 ± 8.7	→	$\dfrac{8.7}{123.1} \times 100$	→	7.1%

比較しやすい

第4章　演習問題

【1】　以下のa～cの文章について，それぞれ正誤を判定しよう．誤っている
　　　場合は，その理由を説明しよう．

　　　a．下側四分位範囲は上側四分位範囲より小さい．

　　　b．第2四分位数は中央値である．

　　　c．第2四分位数は第1四分位数と第2四分位数の平均値である．

【2】　国民健康・栄養調査の報告書の第1部「栄養素等摂取状況の結果」で
　　　は，エネルギーと栄養素の摂取量を平均値，標準偏差，中央値で示してい
　　　る．この表示方法の利点と欠点を考えてみよう．そして，欠点がありなが
　　　らも，このように表示されているのはなぜかを考えてみよう．

【3】　変動係数が使われている例を探してみよう．また，見つけた使用例から，
　　　変動係数は平均値，標準偏差と比べてどんな利点があるか考えてみよう．

5. 正規分布

カール・フリードリヒ・ガウス(1777 ～ 1855)
ドイツの数学者. 研究は広範囲に及んでおり,
近代数学のほとんどの分野に影響を与えたとさ
れる. 統計学の基礎である正規分布はガウス分
布ともいわれる.

この章では, 統計学で重要な位置を占めている正規分布について紹介する.

5.1 正規分布とは

A. 正規分布曲線の形

3 章で紹介した日本人の食塩摂取量の分布(図 3.2 A)は, 少し左側に偏っている
ものの, 平均値を中心にほぼ左右対称な釣鐘型の分布をしていた. 同様の分布を
示すデータは自然界に多く存在する. エネルギー摂取量や血清コレステロール,
脈拍数など, 例を挙げればキリがない. いずれも図 5.1 のように, 平均値周辺に
多くのデータが集中し, 平均値から離れるほどデータの数が少なくなる, 左右対
称の釣鐘型の分布を示すことが知られている. このような分布を**正規分布**とい
う.

図 5.1　正規分布

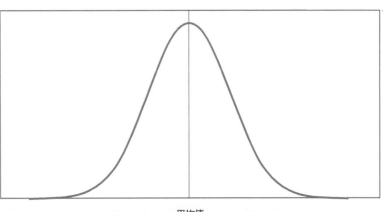

平均値

正規分布は，17 世紀にイギリスの数学者ド・モアブル(1667 ～ 1754)によって発見された，純粋に数学的な分布である．図 5.1 のような正規分布を表す曲線を正規分布曲線というが，釣鐘に似ているので**ベル・カーブ(釣鐘曲線)**ともいわれる．また正規分布は，19 世紀になってガウスによって研究が行われたので，**ガウス分布**ともいう．

B.　正規分布の数学的性質

正規分布は，数学的に規定された分布であり，以下のような性質をもっている（図 5.2）．

①完全に左右対称で，平均値，中央値，最頻値がすべて分布の中心にある．
②平均値から 1 ×標準偏差のところに変曲点があり，そこで上に凸な曲線から，下に凸な曲線になる．
③平均値 μ を中心に，標準偏差 σ で区切られた範囲に含まれる割合が，以下のようになっている．

$\mu \pm \sigma$　　　の範囲内に全体の 68.3%
$\mu \pm 2\sigma$　　　の範囲内に全体の 95.4%
$\mu \pm 3\sigma$　　　の範囲内に全体の 99.7%

この①～③の性質を満たす正規分布を表す正規分布曲線は，ひとつではない．3 つの性質を満たしつつ，横に広がったり狭まったりした曲線を描くことができる．その曲線の位置と形を決めるのは，平均値 μ と標準偏差 σ の 2 つの値であ

図 5.2　平均値が μ で，標準偏差が σ の正規分布

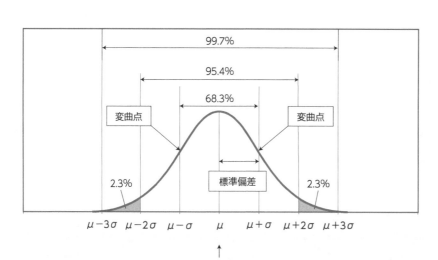

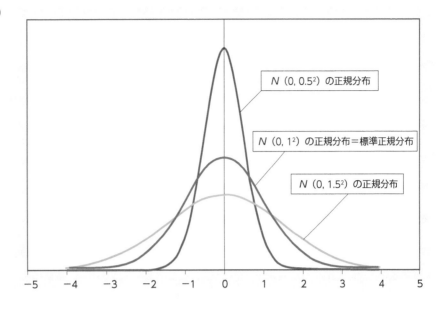

図 5.3　平均値が 0 で, 標準偏差が 0.5, 1, 1.5 の正規分布

$N(0, 0.5^2)$ の正規分布

$N(0, 1^2)$ の正規分布＝標準正規分布

$N(0, 1.5^2)$ の正規分布

る. そこで, 正規分布は平均値 μ と標準偏差 σ（分散は σ^2）を用いて, $N(\mu, \sigma^2)$ と表される.

　図 5.3 には 3 つの正規分布曲線を示した. いずれも平均値はゼロで等しいが, 標準偏差は 0.5, 1, 1.5 と異なるため, 形が異なる. 平均値がゼロでない正規分布ももちろん存在するので, さまざまな正規分布曲線が描けることがわかるだろう.

　そんな中で, 平均値が 0 で標準偏差が 1 の正規分布 $N(0, 1^2)$ を**標準正規分布**という.

　ここで, 正規分布が平均値を中心に対称であることと, 平均値 μ から ±2σ の範囲に全体の 95.4％のデータが含まれること（図 5.2 参照）を思い出そう. この 2 つの性質から, 平均値から 2σ 以上離れた範囲に全体の 4.6％（＝ 100 － 95.4）のデータが分布しており, $\mu + \sigma$ よりも大きい範囲と $\mu - \sigma$ よりも小さい範囲に 2.3％ずつ含まれていることがわかる.

　日本人の食事摂取基準では, 推奨量は不足のリスクが約 2.5％となる数値が設定されている. これは, その栄養素の必要量が正規分布に従うと仮定して, およそ［平均値 μ ＋ 2 ×標準偏差 σ］の値を推奨量として設定したことを意味する.

　このように, 正規分布の性質はさまざまなところで利用されていて, 統計学の基礎を支えている.

5.2 | 標準得点

4.4 節で，平均値が異なる分布の散布度を比較しやすくするために，変動係数という値を導入した．そのときと同様で，異なる分布に属するデータを比較しやすくするために，**標準得点**を求めることがある．標準得点は，母集団が正規分布に従うと仮定したときの各要素の相対的な位置を，平均値や標準偏差を用いて得点化したものである．標準得点には，z 値や偏差値などがある．

A.　z 値：標準正規分布に当てはめる

ここでは z 値について説明する．z 値を求めるためには，もとのデータの分布を標準正規分布 $N(0, 1^2)$ に変形する操作が必要となる。この操作を**標準化**という．

標準化のプロセスは以下のとおり．ある標本が $N(\bar{x}, s^2)$ という正規分布に従うと仮定して，個々のデータから平均値 $\bar{x}$ を引いて，標準偏差 s で割ることで z 値を求める（式（5.1））．

$$z = \frac{\text{データ } x - \text{平均値 } \bar{x}}{\text{標準偏差 } s} \quad \cdots 式（5.1）$$

z 値は標準正規分布[※] $N(0, 1^2)$ に従うので，異なる分布のデータでも比較することができる．

たとえば，管理栄養士国家試験の模擬テスト（模試）で，9 月には 80 点だったのに，11 月には 60 点しか取れず，「11 月の模試が難しかっただけなのだろうか？」あるいは「自分の実力が落ちているのだろうか？」と心配になったとする．問題が異なり，受験生の平均点も違うので，単純に 80 点と 60 点を比較することはできない．こんなときに z 値を使って比べてみる．

9 月の模試の平均点が 78 点で標準偏差が 12 点，11 月は平均点が 55 点で標準偏差が 20 点だったとしよう．式（5.1）を使って，自分の 2 回の模試それぞれの z 値は以下のように計算できる．

9 月模試　$z = \dfrac{\text{データ } x - \text{平均値 } \bar{x}}{\text{標準偏差 } s} = \dfrac{80 - 78}{12} = 0.17$

11 月模試　$z = \dfrac{\text{データ } x - \text{平均値 } \bar{x}}{\text{標準偏差 } s} = \dfrac{60 - 55}{20} = 0.25$

z 値は標準正規分布 $N(0, 1^2)$ に従って分布するので，お互いを比較することができる．9 月模試の得点の z 値が 0.17 点で，11 月模試が 0.25 点だったので，両者はほぼ同じで，平均（0）よりやや上だが 11 月模試のほうが 9 月模試よりも

※標準正規分布は正規分布のうちで平均値を 0，標準偏差を 1 としたものである．累積確率密度は x を変数とした関数 $y = f(x) = \dfrac{1}{\sqrt{2\pi}} e^{-\frac{x^2}{2}}$ で表され，信頼区間の計算などに用いられる．累積密度関数は Excel では NORMS.DIST 関数によって計算できる．

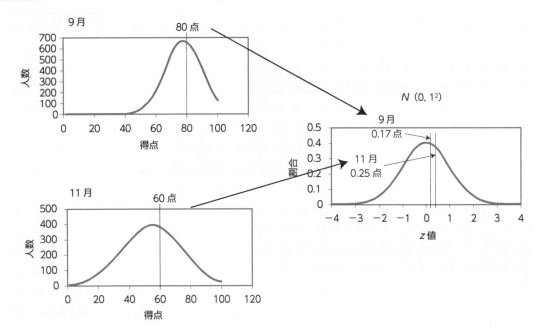

図5.4　9月模試と
11月模試の得点の
z値による比較

良い成績だったといえる（図5.4）.

　前項では標準得点としてz値を紹介したが，例に挙げた模試成績の比較であれば，**偏差値**のほうがなじみがあるのではないだろうか.

　z値の算出では分布を標準正規分布$N(0, 1^2)$に標準化するため，平均値が0となり，マイナスの値をとる場合がある．加えて，値自体が小さくなりがち（データの68.3%が±1.0の範囲に入る）で，直感的ではない.

　そこで，分布を標準正規分布ではなく，平均値が50で標準偏差が10の正規分布$N(50, 10^2)$に規格化して標準得点を求める方法がある．この標準得点を偏差値（T得点）という.

　偏差値は下記の式で求められる.

　　偏差値$T = z$値$\times 10 + 50$

　前項の例で考えると，9月模試と11月模試の得点から偏差値は以下のように求められる.

　　9月模試　　$T = 0.17 \times 10 + 50 = 51.7$
　　11月模試　　$T = 0.25 \times 10 + 50 = 52.5$

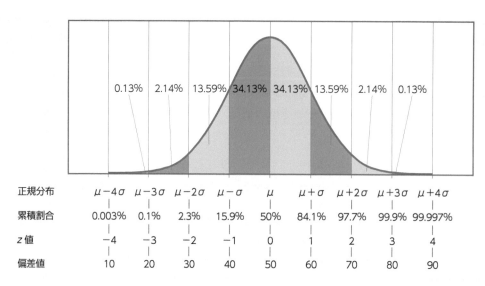

正規分布	$\mu-4\sigma$	$\mu-3\sigma$	$\mu-2\sigma$	$\mu-\sigma$	μ	$\mu+\sigma$	$\mu+2\sigma$	$\mu+3\sigma$	$\mu+4\sigma$
累積割合	0.003%	0.1%	2.3%	15.9%	50%	84.1%	97.7%	99.9%	99.997%
z 値	−4	−3	−2	−1	0	1	2	3	4
偏差値	10	20	30	40	50	60	70	80	90

図 5.5　正規分布，z 値，偏差値の関係

　z 値も偏差値も，集団の中でどの位置にあるかを示す数値である．z 値と偏差値の関係を図 5.5 に示す．ただし，分布が正規分布に従うことを前提にしているので，もともとの分布が偏っているときには，誤差が大きくなるので注意が必要である．

5.3 | 中心極限定理

　統計の目的は，ある集団の特徴を数量的に明らかにすることである．ただ，4.2.B 項でも述べたように，通常わたしたちが解析するのは標本であって，そこから母集団について推測をしている．つまり，標本から得られた母集団に関する**推定値**を使って，**統計的推測**をしているわけである．

　たとえば，ある集団の 1 日あたりの果物の摂取量を推測するため，その集団から 10 人を選んで摂取量を調べたとしよう．その結果が平均値 110.3 g，標準偏差 15.6 g[※]だったとすると，母集団についてどのような推測ができるだろう．

※もちろん，この標準偏差は標本標準偏差 s である

　素朴な見方をすれば，母集団の果物の摂取量の平均値も 110.3 g に近いだろう．もう少し慎重に，標本の散らばりを考慮して，母集団の平均値は 79.1 g（平均値 $\bar{x}$ − 2 × 標準偏差 s）と 141.5 g（$\bar{x}$ + 2 × s）のあいだにあるのではないか，といった推測もできる．

　ところで，この段階では母集団の果物の摂取量について，平均値はもちろんとして，そもそもどのような分布をしているかについても，まったく情報がない．その状況で，このような推測をしてもかまわないのだろうか．

ある母集団からランダムに抽出した標本の平均値（標本平均 $\bar{x}$）について考えてみよう．標本のデータは，おおむね母集団の分布と似た形に分布し，平均値は母集団の平均値（母平均 μ）と近い値になる可能性が高い．もう一度，別の標本を抽出しても，その平均値はやはり母集団の平均値と近い値になるだろう．こうして何度も標本を抽出すると，多くの標本平均 $\bar{x}$ が得られるが，それらはどんな分布をしているだろうか．

　母平均よりも大きな場合もあれば小さな場合もあるだろうが，極端に母平均よりも大きかったり小さかったりするものは少なく，母平均に近いものが多く，母平均を中心に左右対称な釣鐘型の形に分布するように思えないだろうか（図 5.6）．

　感覚的に想像したとおり（図 5.6）で，母集団からランダムに抽出（6.1 節参照）された標本の平均値（標本平均）は，母平均を中心に正規分布に従って分布する．

　これが**中心極限定理**である．もう少し数学的な説明をしてみよう．どんな分布をしていようとも，母平均が μ で母標準偏差が σ の母集団からランダムに n 個ずつ抽出されてできる標本の平均値（標本平均 $\bar{x}$）は，n が大きいときには $N(\mu, \sigma^2/n)$ の正規分布に従う（図 5.7）．

　ここで，先ほどの果物の摂取量の例に戻ろう．母集団の果物摂取量の分布がどうであれ，そこからランダムに抽出した標本の平均値は，母集団の果物摂取量の平均値 μ を中心に，標準偏差 $\sqrt{\sigma^2/n}$ で分布しているはずである．だから，この性質を利用して，標本の平均値 $\bar{x}$ などから母集団の平均値 μ を推測することができる．

　このように説明すると，標本平均 $\bar{x}$ がいつも母平均 μ と一致するような誤解を与えてしまうかもしれない．実際の研究などでデータを収集するとき，多くの場合，知り得る標本は 1 つだけだ．したがって，当然，推測には誤差が生じ

図 5.6　標本平均の分布

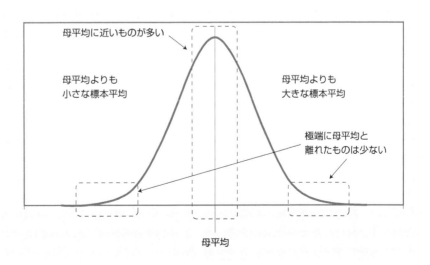

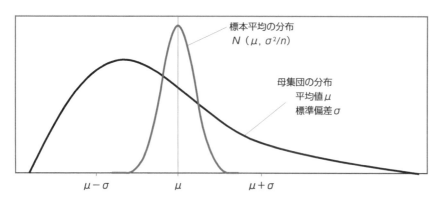

図 5.7　母集団とそこからランダムに抽出された標本の平均値の分布

標本平均の分布
$N(\mu, \sigma^2/n)$

母集団の分布
平均値 μ
標準偏差 σ

$\mu - \sigma$　　μ　　$\mu + \sigma$

る．そこで，標本から母集団を推測した結果は，誤差を含んだ形で表現しなければならない．つまり，母集団の平均値や標準偏差が，<u>どれほどの確率で，どの範囲に入っているか</u>を明示するということだ．

5.4 ｜ データの正規性の検定

　2.1.C 項で紹介したように，<u>量的データはパラメトリックな手法によって解析される</u>．多くのパラメトリックな手法では，標本に含まれるデータが正規分布に従っているという仮定に基づいて解析をしているので，正規分布が中心的な役割を果たしている．そこで，パラメトリックな解析を行う場合には，まずデータが正規分布に従っていると仮定してよいかどうかを確認しなければならない．

　しかし，度数分布図を作ってみても，標本サイズが 10 や 20 であれば，釣鐘型に分布していることを観察するのは難しい．図 5.8 は，正規分布する母集団から抽出された $n = 10$ と $n = 20$ の標本の分布を示した例だが，とても釣鐘型には見えない．そこで，データの母集団が正規分布に従っているかどうかを調べる．そのための検定方法を**正規性**の検定という．

検定：統計では，確率から結論を導く方法を検定という．

　正規性の検定に用いられる方法として，以下が挙げられる（詳細は他書に譲る）．

・コルモゴロフ-スミルノフ (Kolmogorov-Smirnov) 検定
・カイ 2 乗 (χ^2) 適合度検定
・シャピロ-ウィルク (Shapiro-Wilk) 検定

　しかし，正規性の検定では，図 5.8 のように標本サイズが小さいと正規性が仮定されやすい反面，標本サイズが大きいと，正規分布からのずれがわずかであっても正規性が仮定できないとされることがある．

【*n*=10 の標本の度数分布図の例】

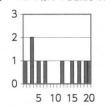 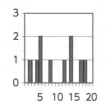  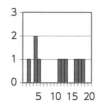 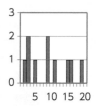

【*n*=20 の標本の度数分布図の例】

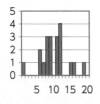 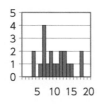

図 5.8　正規分布する母集団から抽出された，正規分布に従う標本の度数分布図の例

いずれも縦軸は「度数」，横軸は「観測値」

5.5 データの対数変換

前節で述べたとおり，パラメトリックな手法は，解析する標本が正規分布しているという仮定に基づいている．しかし，正規性の検定を行い，標本の正規性が棄却されてしまったときは，どうすればよいのだろうか．このような場合，得られたデータを変換することで，正規分布に近づける方法が有効である．最もよく使われるのは対数変換である．

A. 対数変換の効果

いま，ある集団(*n* = 100)の ALT を測定したところ，図 5.9 のような分布であったとする．パラメトリックな手法により解析したいので，データの正規性をカイ二乗適合度検定という手法を用いて検討したところ，正規性が仮定できない（正規分布に従っているといえない）という結果となった[※]．このままでは，統計解析に進めない．

※正規性が仮定できるかどうかは，検定を行い *P* 値によって評価される．検定については第 7 章で学ぶ．

そこで，すべてのデータを 10 を底として**対数変換**したところ，図 5.10 にあるように正規性の検定結果は *P* > 0.05 で，正規性が仮定できる（正規分布に従っていると仮定してよい）ようになった．

このように標本集団に正規性が仮定できない場合は，データを変換して，正規分布が仮定できるようにすると，パラメトリックな手法を用いて統計解析を進めることができる．

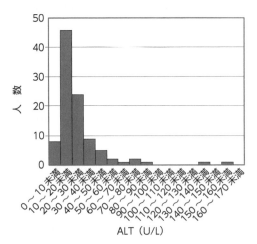

【基本統計量】

データ数 n	100
平均値 $\bar{x}$	25.6
標準偏差 s	22.7
標準誤差※	2.3
第1四分位数	14.0
中央値	18.0
第3四分位数	25.5
四分位範囲	11.5
最小値	7
最大値	157

【正規性の検定（カイ2乗適合度検定）】

P 値（上側確率） $P < 0.01$

図 5.9　ある集団の ALT の検査結果

※標準誤差(standard error；SE)：標本の統計量のばらつきを表す指標．ある標本について標準誤差という場合は，標本平均の標準誤差（standard error of mean；SEM）を指す．SEM は，標本の標準偏差 s をデータの数 n の平方根で割った値である．

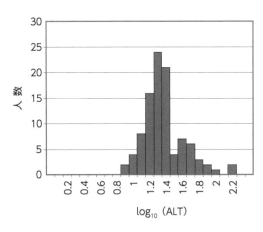

【基本統計量】

データ数 n	100
平均値 $\bar{x}$	1.317
標準偏差 s	0.257
標準誤差	0.026
第1四分位数	1.146
中央値	1.255
第3四分位数	1.406
四分位範囲	0.260
最小値	0.845
最大値	2.196

【正規性の検定（カイ2乗適合度検定）】

P 値（上側確率） $P > 0.05$

図 5.10　図 5.9 のデータを対数変換して得たデータ
例えば最大値に着目すると，$\log_{10}157 = 2.196$ となる

5.1.A 項の冒頭で，自然界で観察される多くのデータが正規分布に従うと述べたが，実は栄養学で扱うデータには，**対数正規分布**するものも多い．たとえば3章で紹介した果実類の摂取量(図 3.2)や，血中の酵素(AST，ALT，CPK，LDH など)，サイトカイン(IL-6，TNF-α など)などが当てはまる．対数正規分布に近いデータを解析する場合には，対数変換して正規分布に近づけてから解析することになる．

B.　対数変換するときの底

図 5.9 から図 5.10 への変換では，常用対数(対数の底が 10)を用いたが，一般的には自然対数(底が e：$\ln = \log_e$)がよく使われる．他にもいろいろな数字を底に入れることができる．

では，どれを使ったらよいのかというと，実は，データ変換の場合には対数の底は何を使ってもかまわない．というのは，対数の底にどのような数値を用いて

AST：アスパラギン酸アミノトランスフェラーゼ，CPK：クレアチンフォスフォキナーゼ，LDH：乳酸デヒドロゲナーゼ，IL-6：インターロイキン-6，TNF-α：腫瘍壊死因子 α

も（常用対数でも自然対数でも），対数変換後のデータ分布の形は同じになるからだ．もとのデータ分布の歪みを小さくして正規分布に近づけることが目的の場合，対数の底は問題にならない．

C.　対数変換したデータの扱い方

　ここで，図 5.9，図 5.10 のデータを例にして，対数変換したデータともとのデータとの関係を整理しておく．

(1)**個々のデータ**　　変換前の ALT が 16 U/L だったとすると，それを対数変換した値は，$\log_{10}16 = 1.20412$ となる．この値を**逆対数変換**することで，もとの値に戻すことができる．個々のデータについては，対数変換の前後の値に一対一の対応がある．

(2)**平均値**　　図 5.9 より対数変換前の平均値は 25.6 U/L，図 5.10 から対数変換後のデータの平均値は 1.317 である．変換後のデータの平均値を逆対数変換すると 20.7 U/L となり，変換前の平均値とは一致しない．この対数変換後のデータの平均値を逆対数変換してもとに戻して得られる平均値を，**幾何平均**という．

　一般に，データの分布が右裾広がりのとき，幾何平均はもとのデータの平均値よりも小さく，中央値に近い値になる．

(3)**標準偏差**　　対数変換後のデータで標準偏差を計算することを考えてみよう．まず，偏差を求めるために，対数変換したデータと対数変換後の値の平均値との差を計算する必要がある．ところが，対数の差というのは両者の比率である．比率には単位がないので，対数変換されたデータから得られる標準偏差にもとのデータの単位は反映されない．

(4)**95％信頼区間**　　6 章で説明するが，分布に正規性が仮定できる場合，**信頼区間**は「平均値 ± 1.96 × 標準誤差」で与えられる．

　対数変換後の値を利用する場合は，まず対数変換後のデータで平均値 ± 1.96 × 標準誤差を求める[※]．

> ※計算を Excel で行った場合，本書で示す結果とは完全には一致しないことがある．数値の丸めについては，「まえがき」を参照されたい．

　　下側　　平均値（1.317）− 1.96 ×標準誤差（0.026）= 1.266
　　上側　　平均値（1.317）+ 1.96 ×標準誤差（0.026）= 1.369

そして，それを逆変換する．

　　下側　　$10^{1.266} = 18.4$
　　上側　　$10^{1.369} = 23.4$

以上より，対数変換を用いたときの信頼区間は 18.4 〜 23.4（U/L）と求められる[※].

※この 95％信頼区間の計算方法は J.M. Bland *et al*., BMJ, 312,1079（1996）に例示されている.

5.6 外れ値への対処

　図 5.9 もそうだが，度数分布図を描いてみると，しばしば他のデータから大きく離れた外れ値が現れることがある．そして，この外れ値があるためにデータの正規性が仮定できず，パラメトリックな手法での解析ができないという事態もよくある．

　このような場合には，まず，その外れ値が本当に得られたデータかどうかを確認する．転記ミス，入力ミスということも少なくない．

　確認した結果，外れ値のデータが確かに観察されていた場合，そのデータを取得したときに，何か他と違ったことがなかったかを振り返って考えてみよう．たとえばラットで鉄欠乏食を与える実験をしていたとして，欠乏食群に属するそのラットが給水器の鉄製の蓋を齧っていたということが観察されていれば，データの分布に狂いを生じさせる原因になったかもしれない．そういう理由でそのデータを除外することができる．

　そして，振り返ってみてもそのデータを除外すべき合理的な理由が見つからなかったとしたら，統計的にどう処理するかを考えることになる．

　まず，正規性を調べてみよう．正規性が仮定できれば問題なく，そのまま解析を続ければよい．一方，正規性が仮定できなかった場合には，変換を考える．図5.9のように，右側に裾が広がった分布であれば対数変換が有効である．そのほかにも平方根，逆数などの変換も可能である（これらの変換の詳細は他書に譲る）．

　どうしても正規性が仮定できなかった場合には，質的データに用いられるノンパラメトリックな手法で解析しなければならない．

　統計ソフトには，外れ値とそのほかのデータとを比較して，統計的に同じ母集団から抽出されたのではないとして，そのデータを除外する方法を備えたものもある．しかし，標本に対してあらかじめ母集団の分布がわかっている場合はほとんどない．また，外れたように見えるデータが，実は重要な意味をもっていることもあるかもしれない．だから，振り返ってみて，明らかに除外すべきという理由が見つからなかった場合には，「ほかのデータから外れているから」「そのデータがあることで結果が思うように出ないから」という理由だけで，そのデータを除外するのは避けるべきだ．

第 5 章　演習問題

【1】　図 5.9 の ALT のデータを講談社サイエンティフィクの Web ページ(URL は下記のとおり)からダウンロードして，ヒストグラムを作ってみよう．また，基本統計量を求め，正規性の検定も行ってみよう．
https://www.kspub.co.jp/book/detail/5336021.html

【2】　【1】で使ったデータを常用対数変換(10 を底とする対数に変換)して，ヒストグラムを描き，基本統計量を求め，正規性の検定を行おう(図 5.10 と同じものが得られるだろうか)．また幾何平均を求めてみよう．

【3】　【1】で使ったデータを自然対数変換(e を底とする対数に変換)して，【2】と同様に基本統計量と幾何平均を求め，正規性の検定を行ってみよう．

6. 標本の抽出法と 標本の性質

エゴン・シャープ・ピアソン(1895 ～ 1980)
イギリスの統計学者. 父カール・ピアソンの後
を継いで統計学を研究し, イェジ・ネイマンと
ともに現代の推計統計学の中心的理論を作り上
げた.

本章では, 母集団から標本を抽出する方法と, 標本から母集団の特徴を推定する方法について学ぶ. 標本からの母集団の推定は, 5 章で学んだ正規分布の性質の応用である.

6.1 母集団から標本を抽出する方法

統計の目的は母集団の特徴を明らかにすることである. 興味の対象である母集団のすべてについて調査することを**全数調査**という. 可能であるならば, 全数調査を行うのが望ましい. 推定などせずとも, 全数調査の結果が母集団の性質そのものを示す. しかし通常, すべてを調査することはできない.

また, たとえば「ある小学校のある学年のあるクラスの全員について調査した」といった場合でも, 調査を行う理由は, その特定のクラスのことだけを知りたいのではなく, そこから一般的な情報を得て, ある学年の子どもたち, あるいは小学生一般についての特徴を明らかにしたいという目的があるだろう. そう考えると, この場合もやはり, 小学生全体という母集団から, 標本を抽出しているのである.

したがって, 通常, 私たちは母集団ではなく標本を対象に, 全数調査ではなく**標本調査**を行っているのである.

5 章の中心極限定理のところ(5.3 節)で, 母集団からランダムに抽出された標本の平均値は, 母平均を中心に正規分布することを紹介した. ここで「ランダムに抽出」というのは, 母集団から無作為に標本が抽出されたということであり, 抽出方法に偏りがないことを表している(図 6.1).

調査・研究を行う際には, 標本が母集団の特性を反映するように, 無作為抽出を行うのが第一歩になることが多い. そこでまず, 母集団から, 偏りなく標本を抽出する方法を 4 つ紹介する.

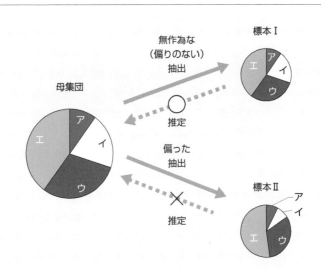

図 6.1 母集団と標本
母集団に含まれるすべての要素が無作為に（同じ確率で偏りなく）抽出されれば，「標本Ⅰ」のような標本が得られるが，そうでないと「標本Ⅱ」のように偏った標本が得られてしまう．標本Ⅰからは母集団について推定ができるが，標本Ⅱからはできない．

A. 単純無作為抽出法

単純無作為抽出法は，すべての標本について抽出される可能性が等しい方法である．この方法では，観察者の主観や作為が入ることがなく，母集団の特性がもっともよく反映される．具体的には，くじ引きや乱数表が使われる．

B. 系統抽出法（等間隔抽出法）

系統抽出法（等間隔抽出法）は，すべての標本に通し番号をつけておき，最初の標本を単純無作為抽出法により選び，その後は最初の標本から等間隔に標本を抽出していく方法である（図6.2）．標本サイズが大きい場合に，乱数表による抽出やくじ引きを何度も繰り返さなくてよいという利点がある．

図6.2 系統抽出法（等間隔抽出法）のイメージ

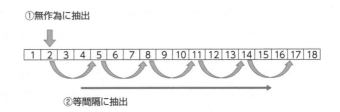

C. 層別抽出法

層別抽出法では，標本を抽出する前に母集団を小集団に分ける（図6.3）．小集団をつくる際には，事前に把握しているデータの特徴（たとえば性別，年齢や職業など）を利用する．そして，各小集団から決まった数の標本を無作為に抽出する．この

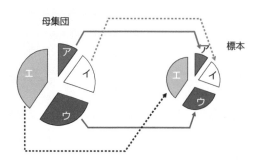

図 6.3　層別抽出法の
イメージ

とき各小集団から抽出する標本の数を，母集団の中でそれぞれの小集団が占める
割合と一致させておくことで，より標本の偏りを少なくすることができるという
利点がある．

D.　多段階抽出法

多段階抽出法は，母集団から何段階かの絞込みを行った後に，絞り込まれた小
集団のなかから標本を抽出する方法である．たとえば，小学生について調査をし
たい場合に，まず都道府県で絞り込み○県を選択し，次に○県のなかの□市に絞
り込み，さらに□市の△小学校に絞り込んで，△小学校の生徒から標本を抽出す
るといった段階（この場合は 3 段階）を経てから標本の抽出を行う（図6.4）．ここで，
本章の冒頭で例に挙げた「ある小学校のある学年のあるクラスの全員について調
査した」というのは，小学生全体という母集団について多段階抽出法により標本
を得たと考えられることを確認しておきたい．

この方法は，母集団全体から抽出するのに比べて，標本の収集が容易であると
いう利点があるが，一方，絞込みの過程で偏りが生じる可能性もある．たとえば

標本抽出に伴う誤差

母集団から標本を抽出する場合，まったく無作為に抽出したとしても，
標本に含まれるデータの統計量（平均値など）が母集団の統計量と完全に一
致することはまずない．また，同じ母集団から，まったく同じ手法で無作
為に抽出された標本が 2 つあった場合，その 2 つの標本に含まれるデー
タの統計量が一致することもあまりない．それは，抽出に伴う誤差（サンプ
リング誤差）が必ず生じるからである．

サンプリング誤差を小さくするには，標本のデータ数（n）を大きくすれ
ばよい．もし n が母集団に含まれるすべてのデータ数 N と一致したら，
それは全数調査となるので，サンプリング誤差は生じない．

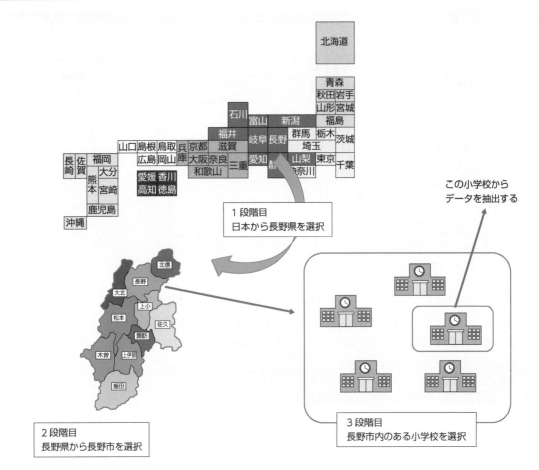

**図 6.4 多段階抽出
法のイメージ**

長野市内の小学校から抽出された標本が，日本全体の小学生の特性を正確に反映
しているかを検討する必要がある．

6.2 | 標本から母平均を推定する方法

A. 標準誤差：標本平均の標準偏差

5.3 節で紹介したように，母集団の平均値が μ，標準偏差が σ のとき，標本平
均は正規分布 $N(\mu, \sigma^2/n)$ に従う．この標本平均の分布の標準偏差を，母集団
の標準偏差と区別するために**標準誤差**(standard error：SE)という．

標準誤差 SE は，標本のデータ数 n が大きいほど小さくなる．したがって，n
が大きいほど，標本平均は母平均に近いところに分布する．図 6.5 に，正規分布
$N(0, 1^2)$ に従う母集団と，その母集団から抽出した標本の平均値について，分

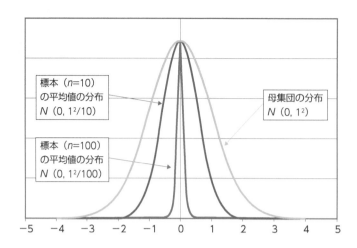

標本 (*n*=10) の平均値の分布 $N\,(0,\ 1^2/10)$

標本 (*n*=100) の平均値の分布 $N\,(0,\ 1^2/100)$

母集団の分布 $N\,(0,\ 1^2)$

布を示した（形状を比較しやすいように，平均値つまり横軸 = 0 における高さを揃えてある）．ただし，標本平均の分布は 2 種類あり，これらは標本サイズが異なる．紫の曲線で表したのは標本サイズが 10 (*n* = 10) の場合，青の曲線で表したのは標本サイズが 100 (*n* = 100) の場合である．

B.　信頼区間：母集団の平均値の推定

　中心極限定理より，標本平均は母平均 μ を中心に正規分布する．標本平均の平均値は母平均 μ であり，標準偏差は母標準偏差 σ を標本サイズ n の平方根で割った値（標準誤差 SE）である．5 章で出てきた正規分布の図（図 5.2）にあるように，正規分布では，平均値 ± 1 SD の範囲にデータの 68.3% が入った．前項で見たとおり，標本平均の集団は正規分布 $N(\mu,\ \sigma^2/n)$ に従う．これは，標本平均の 68.3% が $\mu \pm \sigma/\sqrt{n}\,(= \mu \pm 1\ \mathrm{SE})$ の範囲に入ることを意味する．

　これを標本の側からも見ることができる．標本平均の集団（平均値 $\bar{x}$，標準誤差 SE）を考えると，そのうちの 68.3% は標本平均 ± 1 SE の範囲に μ があるということになる．そして，個々の標本平均について考えてみると，たとえば図 6.6 の標本 A，B の平均値 X_A，X_B のように ± SE の範囲に母平均 μ が入っている（範囲が母平均 μ の線をまたいでいる）ものもあれば，標本 C の平均値 X_C のように入っていないものもある．標本の数を増やすと標本平均 ± 1 SE の範囲には，68.3% の割合で母平均が含まれる．そして，標本平均 ± 2 SE の範囲には，95.4% の割合で母平均 μ があると推定できる．このように，標本から母平均の存在する範囲を推定することを母平均の**区間推定**といい，推定された区間を**信頼区間**（confidential interval：CI）という．

　統計学では，「よく起こるか（珍しいか）」を判断する基準として，慣習的に

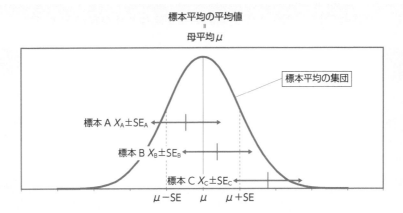

図 6.6　標本平均の集団

標本平均の平均値
＝
母平均 μ

標本平均の集団

標本 A $X_A \pm SE_A$

標本 B $X_B \pm SE_B$

標本 C $X_C \pm SE_C$

$\mu - SE$　μ　$\mu + SE$

「5%」という確率を用いている．この考え方にしたがって，標本平均を中心に95%の確率で母平均が存在する範囲を求めることができ，その範囲を **95%信頼区間 (95% CI)** という．95%信頼区間を使うことによって，自分が手にしている 1 つの標本から母平均(の存在する範囲)を統計的に意味のある形で推定できる．

C.　信頼区間の計算①：母集団の標準偏差がわかっているとき

信頼区間を計算する方法は，母集団の標準偏差 σ がわかっているかどうかで変わる．わかっている場合は，以下のように正規分布を利用する(わかっていない場合については，次項を参照)．

標本平均は正規分布に従うので，平均値を中心にした ± 2 SE の範囲には標本平均の集団のうちの 95.4% が入る．95%信頼区間を正確に求めるには，5.1 節で出てきた標準正規分布 $N(0, 1^2)$ を用いる(図 5.3)．標準正規分布の分布曲線を $y = z(x)$ の形の関数で表すと，$-\infty < x < \infty$ の範囲で，分布曲線と x 軸に挟まれた領域の面積が 1(= 100%)となる．α を任意の確率とすると，平均値(0)を中心に全体の $(1 - \alpha)$ は，$-z(\alpha/2) < x < z(\alpha/2)$ の範囲にある．

標準正規分布 $y = z(x)$ で，$\alpha = 0.05$(α が 5%)のときを計算すると，$z(0.05/2) = 1.96$ である．ここから，標準正規分布では平均値を中心に 95% (その外側に 5%＝α)が入る範囲は ± 1.96 である．この $z(0.05/2)$ を利用して，ある正規分布する集団の 95%信頼区間(95% CI)は以下であると計算できる．

95%信頼区間　下限：標本平均 － 1.96 ×標準誤差 SE

95%信頼区間　上限：標本平均 ＋ 1.96 ×標準誤差 SE

ただし，標準誤差 $SE = \sigma / \sqrt{n}$

D. 信頼区間の計算② : 母集団の標準偏差がわからないとき

前項で，標本から95%信頼区間を求める方法を説明したが，そこで用いた標準誤差 SE は $\sigma/\sqrt{n}$ であり，母集団の標準偏差 σ を用いて計算されている．この方法だと，σ がわかっていれば，SE を求めることができるが，実際には σ がわかっていることは稀だろう．通常はわからないので，標本の標準偏差（標本標準偏差 s）から推定する．

σ がわかっている場合には，標準正規分布 $N(0, 1^2)$ を利用したが，これは，標本平均値の分布が標準誤差 $\sigma/\sqrt{n}$ で正規分布に従っているからである．標本標準偏差 s しかわからない場合には，標本平均値の分布として標準誤差が $s/\sqrt{n}$ であるような分布を考える．これは **t 分布** と呼ばれる．分布曲線では標準正規分布 $N(0, 1^2)$ の横軸は z 値であるが，t 分布では **t 値** となる（図 6.7）．

t 分布は正規分布よりも散布度が大きく，さらに，標本サイズ n に応じて形が変わるという特徴をもつ．t 分布を標準正規分布と重ねてみると，標本サイズ n が大きくなると正規分布に近づくことがわかる（図 6.7）．実際，標本サイズ n が無限大 ∞ の場合には，t 分布は正規分布と一致する．

t 分布は，標本サイズ n によって形が違うので，$n - 1$ を **自由度 df** といい，分布曲線を $y = t(df, x)$ という関数で表す．標準正規分布と同様に，$\pm\infty$ の範囲で分布曲線と x 軸で囲まれる面積が 1 で，平均値（0）を中心に全体の $(1 - \alpha)$ が入る範囲（その外側に α がある範囲）は，$0 \pm t(df, \alpha/2)$ であるという性質がある．

したがって，95%信頼区間は，以下であると計算できる．

95%信頼区間　下限 : 標本平均 $- t(df, 0.05/2) \times$ 標準誤差 SE

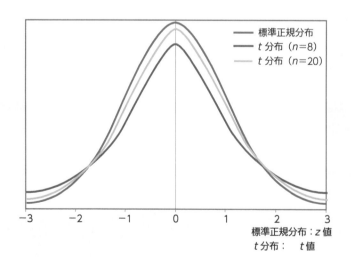

標準正規分布：z 値
t 分布：　　t 値

図 6.7　標準正規分布と，標本サイズ 8 と 20 のときの t 分布

凡例:
標準正規分布
t 分布（n=8）
t 分布（n=20）

95%信頼区間　上限：標本平均＋ $t(df, 0.05/2)$ ×標準誤差 SE まで

ただし，標準誤差 SE ＝ $s/\sqrt{n}$

　95%信頼区間は通常は統計ソフトで計算できるので，計算方法を意識しないが，いろいろな自由度 df のときの $t(df, 0.05/2)$ や $t(df, 0.01/2)$ は，あらかじめいろいろな df で計算された表をみて計算することもできる．

第 6 章　演習問題

【1】　1 から 100 の整数の平均値を求めよう．

【2】　1 から 100 の整数 1 つずつを要素とする母集団から無作為に，1 個の要素を取り出したらもとに戻して，次を取り出すというやり方で，5 個，10 個，20 個の整数を取り出したデータ(それぞれ 20 セット)を講談社サイエンティフィクの Web ページからダウンロードしよう．

　　　データセット n ＝ 5 には，データ数が 5 個の標本が 20 個(Set_1 から Set_20)含まれている．同様にセット n ＝ 10, n ＝ 20 には，データ数が 10 個，20 個の標本がそれぞれ 20 個ずつ含まれている．

　　　各データセットについて，含まれる標本の平均値(それぞれ 20 個)を求め，その平均値の最小値，最大値，平均値，標準偏差，標準誤差を求めなさい．

　　　また，各データセットに含まれる標本の平均値(それぞれ 20 個)を，20 から 75 まで(5 刻み)の区間の度数をヒストグラムに描き，どんなことがわかるか書き出してみよう．

【3】　1 から 100 の整数 1 つずつを要素とする母集団から整数を 1 つ取り出すとき，各整数を取り出す確率は 1/100 で等しい．つまり，確率分布は一様分布である．【2】と同様のやり方で，いくつかの数を取り出した場合の標本平均値の分布は，【2】で描いたヒストグラムのように，母平均を中心としたベル型の分布をしていた．このような性質を表す定理をなんというか？

【4】　ある標本(標本サイズ n ＝ 20)の 95%信頼区間を求める際に用いる $t(df, 0.05/2)$ を求めよう．

【5】　ダウンロードしたデータセットに含まれる 20 個の標本(合計 60 標本)について，それぞれの 95%信頼区間を求めよう．そして，得られた結果からどんなことがわかるか書き出してみよう．

7. 検定の考え方

イェジ・ネイマン（1894 ～ 1981）
ロシア生まれの統計学者．ポーランド，イギリ
ス，アメリカで研究を行い，エゴン・ピアソン
とともに仮説検定や信頼区間の理論を確立し
た．

7.1 検定とは

　母集団の全数調査は困難なので，標本から母集団について推測するために統計
解析を行うことが多い．栄養学で用いられる統計解析で，推定よりもよく使われ
るのが検定である．というのは，栄養学の統計解析では複数の集団の比較を行う
ことが多く，その目的に沿うのは検定なのだ．検定は**仮説検定**の略で，ざっくり
といえば，ある仮説が正しい（真である）かどうかを検討する手法である．

A. 検定の流れ

　たとえば，A と B に差があるかどうかを調べたいとする．この場合には，「A
と B に差がない」と「A と B に差がある」という 2 つの仮説をたてて，「差がな
い」という仮説が統計的にどれくらい確からしいかを計算する．また，事前に確
からしさの基準値を決めておき，計算で得た値と比較する．その結果，この「差
がない」という仮説が否定されなければ「差がない」という仮説を採用し，「差が
ない」という仮説が否定されたら「差がある」という仮説を採用することになる．
　一般的に「差がない」という仮説を**帰無仮説**といい，帰無仮説を否定した場合
に採用する仮説を**対立仮説**という．帰無仮説は，「差がない」とか「効果がない」
といった立場をとる仮説なので，**ゼロ仮説**ともいう．
　また，検定によって仮説を否定することを「棄却する」ともいうので，**棄却検
定**ともいう．
　以上のように，検定は「対立仮説」の正しさを確かめるのではなく，「帰無仮
説」の確からしさを求めるというプロセスで行われる．ここで説明した検定の流
れを図 7.1 に示す．

図 7.1　仮説検定の流れ

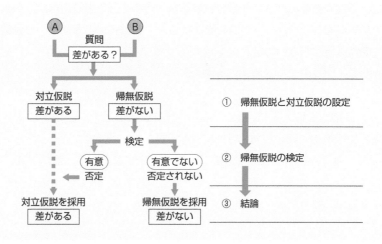

B.　有意水準とは：「統計的に有意」の意味

　帰無仮説を否定するかどうかは，その仮説の確からしさが基準値を下回るかどうかで判断する．そのための基準値が**有意水準**である．有意水準はいくつに設定してもよいのだが，通常，5%（0.05）という値が使われる．

　有意水準を5%に設定するとは，20回に1回起こるかどうかを確からしさの基準にするということである．つまり，帰無仮説が正しいと仮定すると20回に1回も起こるはずのないことが起きていたら（0.05未満の確率でしか生じえないデータが得られていたら），それは偶然ではないと判断する．もっといえば，仮定が間違っていると考え，帰無仮説は正しくないと結論し，対立仮説を採用することになる．

　このように帰無仮説が正しくないと結論することを，「帰無仮説を棄却する」という．一方で，帰無仮説が棄却されたので対立仮説を採用する場合，「対立仮説は**統計的に有意**である」と表現する．対立仮説が正しくない確率も残っているので，仮説検定の結果は持って回った言い方にならざるをえない．なお，検定を**有意性検定**と呼ぶこともある．

　帰無仮説がどれくらい確からしいかという確率を*P*値という．有意性検定では，*P*値が有意水準未満（$P < 0.05$）であれば対立仮説は統計的に有意とされる．*P*値がもっと小さい値（たとえば$P < 0.01$）であった場合には，対立仮説は**高度に有意**ということもある．一方，*P*値が有意水準以上（$P \geqq 0.05$）であれば，対立仮説は**統計的に有意でない**とされる．

C.　検定の注意点①：統計的に有意でも有意義とは限らない

　検定において重要な注意点を2つ紹介する．ひとつ目は，「統計的に有意」の

意味だ．有意であることは，必ずしも有意義であることを意味しない．つまり，検定では信頼できそうかどうかは判断されるが，有意義かどうかという価値についての判断は行われないのだ．

　例として，以下の 2 つを考えてみよう．

①産地 X と産地 Y のナス 10 個ずつの平均値を比較すると，産地 X のナスのヘタは，産地 Y のナスよりも統計的に有意に長かった$(P = 0.01)$．
②産地 X と産地 Y のイチゴ 10 個ずつの平均値を比較すると，産地 X のイチゴのビタミン C の含量は，産地 Y のイチゴよりも多かったが，その差は統計的に有意ではなかった$(P = 0.051)$．

　①の例では，「産地 X のナスのほうがヘタが長い」ということは統計的に信頼できそうだが，そうだとしても，実際にナスを選ぶときに意味のある差とは考えられない．一方②の例では，標本サイズが 10 個と少なかったから，「産地 X のイチゴのほうがビタミン C が多い」というのは統計的に有意ではなかったのかもしれないが，もとからもっと多い例数で調べていたら統計的に有意な結果であったのかもしれない[※]．そして，イチゴをビタミン C 源として摂取しようとしている人にとっては，この情報は十分に有意義であるかもしれない．

　これは極端な例であるが，例数が多い場合には，実際には意味のない程度の差しかないのに，検定をすると統計的に有意となることがある．したがって，検定結果を評価する際には，統計的に有意かどうかだけでなく，たとえば，平均値に有意な差があったのなら，その差に意義があるのかどうかといったことについてもよく考えてみる必要がある．

　そして，「統計的に有意であった」という表現は，単に「そうらしい」「信頼できそうだ」という意味であって，「重要だ」とか「有意義だ」という意味ではないことを忘れてはいけない．

※ただし，検定結果を見てから，新たに例数を追加したり，都合の悪いデータを除外したりしてはいけない．必要な例数は計画段階で決めておく必要がある（8.3 節参照）．

D.　検定の注意点②：検定するのは帰無仮説

　もうひとつの注意点は，検定の直接の対象が帰無仮説であるということ．つまり，検定は対立仮説の確からしさを検討する方法ではない．

　前項の例①で，「産地 X のナスのヘタは，産地 Y のナスよりも統計的に有意に長かった$(P = 0.01)$」と書いたが，図 7.1 からわかるように，検定しているのは帰無仮説である．この例では，帰無仮説は「産地 X と産地 Y のナスでは，ヘタの長さの平均値には差がない」となる．

　「産地 X と産地 Y のナスのヘタの長さには差がない」と仮定した場合に，いま手にしている標本が生じる確率を計算したら$P = 0.01$ で，つまり 100 回に 1

回程度しか起こりえないことが起きている．そして産地Xのナスのほうが産地Yのものよりヘタが長かった．だから，これは偶然ではなく，「産地Xのナスのヘタは，産地Yのナスよりも長い」と考えてもよいだろう，というのが検定の結論である．

　帰無仮説を否定して対立仮説を採用するという検定の流れ（図7.1）を改めて確認しておこう．

7.2 両側検定と片側検定：帰無仮説とは何か

　前節で，検定しているのは「産地Xと産地Yのナスのヘタの長さには差がない」という帰無仮説であると説明した．それでは，「産地Xのナスのヘタは産地Yのナスのヘタよりも短いか，等しい」という帰無仮説を検定したらどうだろう．この帰無仮説に対する対立仮説は「産地Xのナスのヘタは産地Yのナスよりも長い」である．検定により帰無仮説が否定されると，こちらでも「産地Xのナスのヘタは産地Yのナスよりも長い」という同じ結論が採択される．

　帰無仮説と対立仮説の組が2つ現れたので，整理してみよう．

　帰無仮説①「産地Xと産地Yのナスのヘタの長さには差がない（同じだ）」
　対立仮説①「産地Xと産地Yのナスのヘタの長さには差がある（同じでない）」

　帰無仮説②「産地Xのナスのヘタは産地Yのナスよりも短いか，等しい」
　対立仮説②「産地Xのナスのヘタは産地Yのナスよりも長い」

　上記の帰無仮説と対立仮説の組の違いを，図7.2を使って考えてみよう．
　帰無仮説①では，産地Xと産地Yのナスのヘタのどちらが長いかについて，事前になんの情報もないので，「差はない（同じだ）」としている．標本平均は正規

図7.2　平均値の差の分布からみた両側検定と片側検定

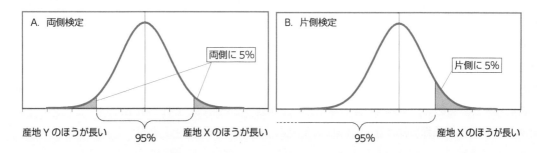

分布するが，標本平均の差も正規分布に従う．有意水準5%で帰無仮説①を検定するということは，図7.2Aのように，極端に「産地Xのほうが長い」場合と「産地Yのほうが長い」場合を除いた真ん中の95%の部分が信頼できるかどうかを検定することである．

一方，帰無仮説②では，あらかじめ産地Xのナスのヘタのほうが長いという情報があるので，その逆の，極端に産地Xのほうが長い場合を除いた左側の95%（図7.2B）が信頼できるかどうかを検定することになる．

図7.2Aでは棄却される範囲が両側にあるので**両側検定**と呼ばれ，図7.2Bの場合は棄却される範囲が片側のみなので**片側検定**と呼ばれる．図7.2のAとBを見比べてみると，右側に外れる部分は両側検定では2.5%であるのに対して，片側検定では5%であるので，手持ちの標本のナスのヘタが産地Xのほうが長かった場合には，片側検定のほうが帰無仮説が棄却されやすく，統計的に有意になりやすいことがわかる．

それでは，自分が検定を行う場合は，両側検定と片側検定のどちらを選んだらよいのだろう．

帰無仮説①と帰無仮説②の違いは，事前にヘタの長さに関して情報があったかどうかである．実際には，産地Xと産地Yのナスをすべて集めてヘタの長さを調べることはできない．母集団で何が起きているのかは知ることができないので，「産地Xのほうが長い」場合も，「産地Yのほうが長い」場合も，どちらも起こりうる．したがって，帰無仮説として「差がない（同じだ）」を採用して，両側の極端な場合を外した両側検定を行うのが適切である．

実際の調査・研究でF検定のように片側検定することが決まっている場合を除けば，帰無仮説②のように比較する対象の大小関係があらかじめわかっていて，片側検定が適用できる場合というのは，まれである．したがって，もし統計ソフトでどちらかを選ぶようになっていた場合には，常に両側を選んでおくのが無難である．

7.3 | 検定も間違える：偽陽性と偽陰性

検定では有意水準を5%（0.05）と決めて，P値がそれ未満（$P < 0.05$）であれば「有意」として帰無仮説を棄却している．しかし，こうした線引きをすると，どうしても間違える場合も出てくる．

まず考えられるのは，本当は有意でないのに，間違って有意としてしまう場合である．つまり，帰無仮説が正しい（真である）のに，検定で帰無仮説を棄却してしまうという誤りだ．有意水準を5%としていれば，20回に1回程度はこのよ

表7.1　帰無仮説と検定結果の関係

		検定	
		帰無仮説を棄却	帰無仮説を採択
帰無仮説	真	α（第1種の過誤）	$1-\alpha$（正しい判定）
	偽	$1-\beta$（＝検出力）（正しい判定）	β（第2種の過誤）

うな過ちを犯してしまう危険性がある．これを**第1種の過誤**(type I error)という．

　次に考えられるのが，本当は統計的に有意なのに，検定で見逃してしまう間違いである．つまり，帰無仮説が間違っている(偽である)のに，検定で帰無仮説を採択してしまう(否定できない)場合である．これを**第2種の過誤**(type II error)という．

　いってみれば，「第1種の過誤」は偽陽性で，「第2種の過誤」は偽陰性である．

　このような間違いを犯してしまう確率について，一般に第1種の過誤を犯す確率は α，第2種の過誤を犯す確率は β で表される．α は有意水準と等しく，通常は5%である．β はあまり言及されることはないが，通常20%が用いられている．ちなみに $(1-\beta)$ は，帰無仮説が偽の場合に，検定できちんと棄却できる確率であるので，**検出力**(power)といわれている．

　帰無仮説が真のときに，帰無仮説を採択した場合(確率＝$1-\alpha$)と，偽のときに棄却した場合(確率＝$1-\beta$)が正しい判定である．

　上記の関係を表7.1にまとめて示す．

<aside>検出力：検出力，効果量(effect size)，標本サイズ，有意水準には，4つのうち3つが決まると残りの1つを求めることができる，という関係がある．詳細は他書を参照されたい．なお，検出力は検定力ともいう．</aside>

7.4　P 値の考え方

A.　P 値そのものを報告しよう

　検定では，P 値が有意水準に対して大きいか小さいかで判断が下され，一般的に有意水準としては5%（0.05）が用いられている．

　このような有意性の「あり」「なし」の二者択一は，わかりやすくて便利ではあるが，P 値が有意水準近くの場合には，微妙な差で結論が違ってしまうことになる．たとえば7.2節の②の例は「産地 X と産地 Y のイチゴ10個ずつの平均値を比較すると，産地 X のイチゴのビタミン C の含量は，産地 Y のイチゴよりも多かったが，統計的に有意ではなかった($P = 0.051$)」が，11個ずつ比較したら P 値が $P = 0.049$($P < 0.05$)となり，有意差ありと結論されるかもしれない．

　また，P 値がちょうど0.05($P = 0.05$)の場合は，どうだろう．有意水準が0.05以下($P \leqq 0.05$)であれば有意であるが，0.05未満($P < 0.05$)の場合は有意ではない．

このように結論が変わる可能性があるので，恣意的な判断基準の適用を避けるために，研究を行う場合には有意水準をあらかじめ決めておく必要がある．また，ほとんど同じデータからまったく逆の結論が出てしまうのは，望ましいことではない．実際に知りたいのは，帰無仮説がどの程度当てはまらないのかであるはずなので，それには P 値をそのまま記載したほうがわかりやすい．最近では，Excel でも P 値が計算できるので，単純に 0.05 のどちら側にあるかを示すのではなく，検定結果として，P 値そのものを記載することも増えてきている．

B. P 値はどこまで細かく記載するか

統計ソフトを使って解析すると，P 値がかなり細かく計算されて出てくるときがある．たとえば $P = 0.0024675298\cdots$ といった値が出た場合，論文や報告書にはどのように書けばよいのだろうか．

決まった規則というのはとくにないが，下記のようにするのが無難であろう．

① $P < 0.05$ のような範囲よりも，実際の P 値を記載する．$P = 0.14$，$P = 0.012$，$P = 0.001$ のように示す．
② 有効数字を 3 桁以上記載する必要はない．たとえば，0.001 よりも小さい P 値を特定する必要は通常ない．

P 値の書き方：P か p か，P か p か

P 値を書くとき，統計の教科書では p（小文字・斜体）と書いてあることが多いのに，欧文学術誌では P（大文字・斜体）で書いてあるものもある．学術誌によっては斜体ではなくて，p（小文字・立体）もしくは P（大文字・立体）という表記も見かけることがある．どれが正しいのであろうか．

実は，正解はないというのが正解である．

ただし，P（大文字・斜体）は，統計用語に関する ISO の国際規格にもなっており，また，医学・生物学関係でよく使われているマニュアル "Scientific Style and Format: The CBE Manual for Authors, Editors, and Publishers" (by Edward J. Huth, Cambridge University Press; 6th edition, 1994) でも推奨されている．P（大文字・斜体）が優勢の状況だ．

もし迷ったら P（大文字，斜体）を使うのが無難である．学術雑誌に掲載する論文であれば，その雑誌のほかの論文に合わせればよいだろう．

しかし実際には，$P < 0.01$，$P < 0.05$ として表現されていることが多く，$P = 0.012$ といった表現は，まだ一般的ではない．学術雑誌に掲載する論文であれば，その雑誌のほかの論文に合わせて，またそのほかの報告書であれば，読者にわかりやすい表現で書くのがよい．

7.5 検定と推定

7.1 節の冒頭で，「栄養学で用いられる統計解析で，推定よりもよく使われるのが検定である」と述べた．検定があまりにも頻繁に使われるので，栄養学の研究は統計的な有意性にばかり目を向けがちな傾向がある．実験や調査の結果として「○○は有意であった」とだけ記述し，大きいのか小さいのか，長いのか短いのか，はたまた早いのか遅いのか，といった内容が書かれていない報告まで見かけるようになった．これでは，そもそもの検定の結論がまったくわからないので問題外である．さらに，検定は，観察された結果の一部を語っているだけなので，何が観察されたのかについての情報も必要である．

そういった観点から，最近では P 値と信頼区間との両方を書くことが推奨されるようになっている．また信頼区間しか記載されていない文献も見かけるようになってきた．

95%信頼区間は，得られた標本からみて 95%確からしい範囲であるので，その外側は確からしさが 5%未満($P < 0.05$)の領域となる．したがって帰無仮説が示す値が 95%信頼区間の中にあれば，統計的に有意ではなく，外にあれば統計的に有意($P < 0.05$)であることになり，検定で得られる結果と同じ情報が得られる．そして，信頼区間は，その結果が重要かどうかについても情報を与えてくれる．

図 7.3 に，95%信頼区間と結果の評価を模式的に表した．横軸が比較する統計量の大きさで，縦の実線が基準とする大きさ(基準値)であるとする．95%信頼区間を両側矢印の線分で示しており，基準値からの大きさの差に価値があると判断できるところに，縦の破線を入れてある．

いま，「母集団の統計量の大きさは基準値と差がない」という帰無仮説を考えると，標本の信頼区間が比較する統計量を含んでいなければ，統計的には有意($P < 0.05$)である．逆に，信頼区間が実線と交わっていれば，帰無仮説を棄却することはできず，統計的に有意ではない．図 7.3 では，信頼区間 a，b，c は統計的に有意($P < 0.05$)であるが，信頼区間 d，e は統計的に有意ではない．

ここまでは検定と同じだが，信頼区間ではその価値についても考察ができる．

信頼区間 a は，全体が価値を示すラインよりも大きい側にあるので，統計的

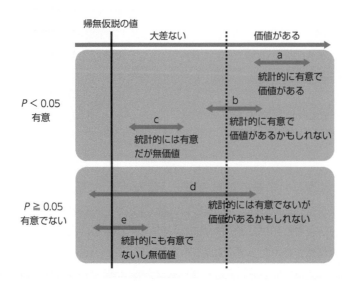

図7.3　95%信頼区間と結果の評価

に有意なだけではなく，価値もあると信頼できる．信頼区間 b は統計的には有意だが，価値を示すラインをまたいでいるので，価値があるとまでは言い切れない．そして信頼区間 c は，価値を示すラインに届いていないので，たしかに統計的には有意だが，その差は大したものでなく，実際上は無価値である．

　これに対して，信頼区間 d は統計的には有意でないが，範囲が広く，価値があるラインをまたいでいる．つまり，標本の散らばりが大きく明確ではないが，価値がある可能性も否定できない．もっと標本サイズを大きくして信頼区間を狭くすれば，信頼区間 a のように統計的に有意で価値があるという結果になるのかもしれず，今後に期待ができなくもない．信頼区間 e であれば，統計的にも有意でないし無価値であることがわかる．

　ここで 7.2A の例②（下記）を考えてみよう．

②産地 X と産地 Y のイチゴ 10 個ずつの平均値を比較すると，産地 X のイチゴのビタミン C の含量は，産地 Y のイチゴよりも多かったが，その差は統計的に有意ではなかった（$P \geq 0.051$）．

　この文からは，産地 X でも産地 Y でもイチゴのビタミン C 含量に差はないという印象しかない．それでは，図 7.4 はどうだろうか？

　産地 X の 95%信頼区間は，産地 Y の 95%信頼区間の上限（破線）を若干だがまたいでいるので，統計的に有意ではない．両者の信頼区間の横に $P = 0.051$ と書いてあり，そこからも統計的に有意でないことが確認できる．さらに，産地 X のイチゴの信頼区間が産地 Y よりも長いことから，産地 X の標本のほうが値の

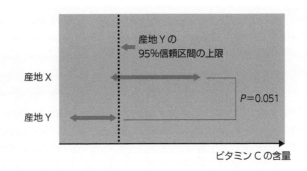

図 7.4 産地 X のイチゴと産地 Y のイチゴのビタミン C 含量の 95% 信頼区間

散らばりが大きかったことがわかる. ひょっとしたら, いくつかのイチゴのビタミン C 含量が特別に低かったのかもしれない(あるいは高かったのかもしれない). もっと標本サイズを大きくしても平均値が変わらなかったとしたら, $\sqrt{n}$ で割るのだから, 信頼区間はもっと狭くなり, 産地 Y とは重ならなかったのかもしれない(統計的に有意と判断されたのかもしれない).

どうだろうか. 検定の結果のみを文章で記載した場合に比べて, 標本から得られた情報が, 多く読み取れたのではないだろうか.

検定には, 結果が二者択一でわかりやすいという特徴があり, 信頼区間には, より多くの情報を読み取れるという特徴がある. そういうわけで, 可能であれば両者を記載することが推奨されている.

第 7 章 演習問題

【1】 検定における帰無仮説の役割は何だろうか.

【2】 ある実験を行い $p < 0.05$ となる結果が得られたとする. このとき同じ実験を 1000 回繰り返したら, そのうち 950 回は $p < 0.05$ となるだろうか.

8. 2群の平均値の比較

ウィリアム・シーリー・ゴセット（1876 ～ 1937）
イギリスの統計学者．ロナルド・フィッシャー
と並ぶ推計統計学の開拓者．醸造会社に勤務し
ていたときに，スチューデントのペンネームで
発表した t 検定で有名．

　本章では，2 つの標本（群）の平均値を比較する方法を学ぶ．まず，量的データ
からなる 2 群を比較する方法について，対応がある場合（8.1 節）と対応がない場
合（8.2 節）に分けて解説する．続く 8.3 節では，2 群の平均値を比較する研究の計
画，とくに標本サイズの決め方を紹介する．その後，質的データからなる標本の
平均値を比較する手法を扱う（8.4 節）．

8.1 対応のある 2 群の平均値の比較

　対応のある 2 群の平均値の比較には，「対応のある t 検定」を用いる．

A. 「対応がある」とは

　たとえば，脂質異常症の患者 10 人（A ～ J）に 3 ヵ月の食事指導を行い，指導前
後の血清コレステロールを比較したら，表 8.1 のデータが得られたとする．この
データで，食事指導前と食事指導後の血清コレステロールを比較する場合には，
「食事指導前」と「食事指導後」という 2 つの標本を比較することになる．これ
ら 2 つの集団はどちらも同じ 10 人の患者から成る．つまり，1 行目の 298 と
276 という数値は，同じ A という患者から得られたデータである．この状況を
「対応がある」という．

　このデータは，図 8.1 のように，10 人の患者の血清コレステロールの変化と
して描ける．図示すると，「食事指導前」と「食事指導後」という 2 つの標本に
対応があることがより明確にわかる．

B. 対応のある t 検定：考え方の確認

　対応のある t 検定は，対応のある 2 つの標本の平均値を比較する方法である．
　たとえば，表 8.1 の食事指導前と食事指導後の平均値を比較する場合，それぞ

表 8.1　食事指導前後
の血清コレステロール

患者	血清コレステロール（mg/dL）	
	食事指導前	食事指導後
A	298	276
B	335	340
C	368	308
D	346	289
E	318	320
F	383	351
G	347	290
H	312	309
I	420	373
J	339	325
平均値	346.6	318.1

図 8.1　食事指導前後
の血清コレステロール

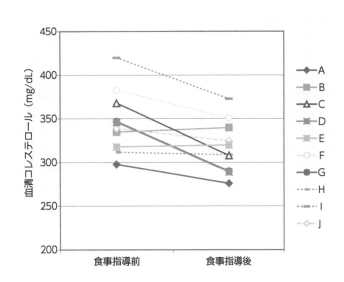

れの患者について，食事指導前後の差を計算することができる．

　それぞれの患者の血清コレステロールについて，食事指導後の値から食事指導
前の値を引くと，食事指導による（と思われる）変化が得られる．その結果は表 8.2
および図 8.2 のように表すことができる．

　いま，食事指導前と食事指導後の平均値に差があるかどうかを調べるために，
「食事指導前と食事指導後の平均値には差はない（平均値の差はゼロ）」という帰無
仮説を検定しようとしている．この検定を行うことは，図 8.2 のグラフで，「食
事指導による変化の平均値はゼロである」という仮説を検定することに等しい．

　そこでまず，両群の差（表 8.2 の食事指導後）が，正規分布に従っていると仮定で
きるかどうか（正規性）を検定する．正規性が仮定できるのであれば，信頼区間を

患者	血清コレステロールの変化(mg/dL)
A	− 22
B	5
C	− 60
D	− 57
E	2
F	− 32
G	− 57
H	− 3
I	− 47
J	− 14
平均値	− 28.5

表 8.2　食事指導による血清コレステロールの変化

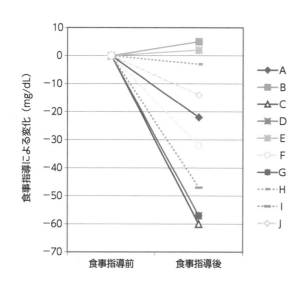

図 8.2　食事指導による血清コレステロールの変化
（食事指導前の値をゼロとする）

考えることにする．こうしてみると，「食事指導による変化の平均値はゼロである」かを検定するには，食事指導による変化の信頼区間にゼロが含まれるかどうかを調べればよい．したがって，食事指導前後の平均値の差の検定は，「食事指導による変化」の信頼区間を調べることに等しい．

　つまり，対応のある 2 標本の平均値の差の検定は，整理してみれば，「両者の差」という 1 つの標本について，平均値がゼロかどうかを検定することと同じである．このように考えて，「対応のある t 検定」を「一標本 t 検定」ともいう．

C.　検定統計量を使う

表 8.1 のデータを「対応のある t 検定」で解析すると，表 8.3 に示す結果が得られる．平均値の差は，表 8.2 で確認したように-28.5，自由度は標本サイズ（10 人）マイナス 1 で 9．t 値は 3.512 とあるが，これが**検定統計量**である．

コンピューターができる以前は，個々に P 値を計算するのは大変だった．そのため，もっと簡単に計算できる検定統計量について 5% 水準の値の表を作っておき，標本データから求めた検定統計量がその表の値よりも大きければ有意（$P < 0.05$），そうでなければ有意でないと結論していた．そして 6 章で学んだように，標本平均は t 分布に従い，t 値を利用して検定したので「t 検定」という．

現在は，コンピューターを用いれば，t 値から P 値が簡単に計算できる．表 8.3 には，P 値（両側確率）が 0.0066 と表示されており，統計的に有意（$P < 0.05$）であるかどうかがわかる．

ところで，この t 値は，平均値の差の絶対値を標準誤差で割ったもので，28.5/8.115 = 3.512 である．

P 値は Excel でも，T.DIST.2T 関数を使って次式で計算できる．

$$
\begin{aligned}
P \text{値（両側確率）} &= \text{T.DIST.2T}（t \text{値},\ \text{自由度}）\\
&= \text{T.DIST.2T}（3.512, 9）\\
&= 0.0066
\end{aligned}
$$

両側検定で有意水準（$P = 0.05$）となる t 値も，T.INV.2T 関数を使って次式で計算できる．

$$
\begin{aligned}
5\% \text{（両側）の} t \text{値} &= \text{T.INV.2T}（\text{確率},\ \text{自由度}）\\
&= \text{T.INV.2T}（0.05, 9）\\
&= 2.262
\end{aligned}
$$

標本から得られた t 値（3.512）は，有意水準のときの t 値（2.262）よりも大きいので，統計的に有意（$P < 0.05$）であることが確認できる．

表 8.3　表 8.1 のデータを「対応のある t 検定で」解析した結果

平均値の差	-28.5
自由度	9
標準誤差	8.115
t 値	3.512
P 値（両側確率）	0.0066

D. 信頼区間を使う

では，信頼区間はどうだろうか．

表 8.2 の食事指導後のデータ（食事指導による変化）から，Excel を使って標準誤差を下記のように求めることができる．

$$標準誤差 SE = 標準偏差 / \sqrt{患者数(n)}$$
$$= STDEV（データの範囲）/SQRT(n)$$
$$= 25.661/SQRT(10)$$
$$= 8.115$$

ここで，信頼区間は，平均値 ± t 値 × 標準誤差 であるが，

平均値：表 8.2 から，− 28.5
5% のときの t 値：T.INV.2T（0.05, 9）= 2.262

だったので，95% 信頼区間は以下のように計算できる．

上側　　− 28.5 + 2.262 × 8.115 = − 10.14
下側　　− 28.5 − 2.262 × 8.115 = − 46.86

以上より，食事指導による変化の 95% 信頼区間は，− 46.86 ～ − 10.14 で，ここにはゼロは含まれていない．したがって，食事指導による変化は統計的に有意（$P < 0.05$）にゼロではないことがわかる．この方法からも，食事指導前と食事指導後の血清コレステロールの平均値の間に，統計的に有意な差があることが確認できた．

8.2 対応のない 2 群の平均値の比較

A. 散らばりの比較

対応のない 2 群の平均値の比較をする前に，注意しなければならないことがある．正規性が仮定できるかどうかと，標本の散らばりが同じかどうかの 2 点だ．

2 つの標本があったとして，パラメトリックな方法で平均値を比較できるの

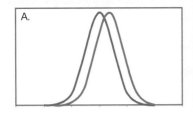 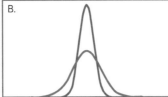 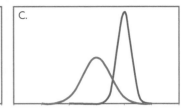

図 8.3　正規分布する 2 つの標本のイメージ

は，どちらの集団も正規分布しているとみなせる（正規分布が仮定できる）場合に限られる（正規性の検定については 5.4 節を参照）．そして，どちらの集団も正規分布しているとみなせた場合，次に問題になるのは，標本の散らばり（分散や標準偏差）が同じかどうかである．

　正規分布が仮定できる 2 つの標本のイメージを図 8.3 に示した．A の例は，分散が等しく（**等分散**），平均値が異なっている．B は，平均値は同じだが，分散が違っており，C は，平均値も分散も違っている．A は，2 つの標本のもとになっているそれぞれの母集団の分散が等しいことが予想されるが，B と C の場合は，2 つの母集団の分散がそもそも違っていそうである．

　対応のない 2 標本の平均値の比較では，その 2 つの標本の平均値が違うかどうかではなく，それぞれの標本のもとになっている母集団の平均値に差があるかどうかを推測する．ただし，比較する 2 つの標本の分散が等しいときと，等しくないときとでは，適用する方法が異なる．

　そこで，統計手法を選択するために，2 つの標本について等分散であるかどうかを調べなければならない．

B.　**F 検定：等分散性の検定**

　対応のない 2 つの標本の分散が等しい（等分散）かどうかを調べるには，**F 検定**を用いる．これは，2 標本の分散の比（F 値）を検定統計量とする検定手法である．

　7 章でも使ったイチゴの例で考えてみる．産地 X と産地 Y のイチゴ，それぞれ 10 個ずつのビタミン C 含量を測定したら，表 8.4 の結果が得られたとする．

　データ数は両群とも 10 で，平均値は産地 X が 66.7 mg/100 g なのに対して，産地 Y は 57.6 mg/100 g．いちばん下の行の不偏分散が分散で，母分散ではなく標本の分散である．

　ここで，両群の不偏分散の比（F 値）を考えてみる．小さいほうを分母，大きいほうを分子にする．このとき，両群の分散が等しければ，F 値は 1 となり，分散が一致しない場合，F 値は 1 よりも大きな値になる．

$$F = \frac{分散（大きいほう）}{分散（小さいほう）}$$

	産地 X	産地 Y
	78	62
	49	55
	81	58
	72	60
	62	57
	79	58
	50	53
	70	56
	75	57
	51	60
データ数	10	10
平均値	66.7	57.6
不偏分散	161.34	6.93

表 8.4　産地 X と産地 Y のイチゴのビタミン C 含量 (mg/100 g)

　表 8.4 では，産地 Y のほうが分散が小さいので，これを分母として計算すれば，F 値は 23.3 となる.

$$F = \frac{161.34}{6.93} = 23.3$$

　この F 値は，**F 分布**といわれる分布に従っており，正規分布や t 分布と同じように，F 値が決まれば対応する P 値が計算できる. これを利用して，「両群の分散は等しい」という帰無仮説を検定するのが，F 検定である.

　単純に分散の比を計算すると，1 より大きくなることも小さくなることもあるが，F 値の計算では，小さいほうの分散を分母にするので，F 値は必ず 1 以上になる. つまり，1 よりも小さい側（下側）と，大きい側（上側）があるうち，下側になることをあらかじめ避けて，上側だけで判断するようにしている. したがって，他の検定とは違い，F 検定は片側検定になる.

　表 8.4 のデータについて F 検定を行うと，表 8.5 のような結果が得られる. F 値は 23.3，分母と分子の自由度は「標本サイズ− 1」なので，どちらも 9 である.

　等分散性の検定だが，医学系の分野では，有意水準を 20%（両側）とするのが

F 値	23.3
分子自由度	9
分母自由度	9
P 値（上側確率）	3.44×10^{-5}
F (0.9)	2.44

表 8.5　表 8.4 のデータについて F 検定を行った結果

望ましいとされる．実際の検定では有意水準を 10%（片側）とし，分母と分子の自由度がともに 9 であるときの F 分布の下側 90 パーセント点 F(0.9) を基準とする．表 8.5 に示したとおり，F(0.9) は 2.44 であるが，データから得られた F 値は 23.3 なので有意水準の基準値よりも大きい．したがって，「両群の分散は等しい」という帰無仮説は棄却され，統計的に有意（$P < 0.20$）に等分散とはみなせないことがわかる．

そして，実際の F 値から計算した P 値が，$P = 3.44 \times 10^{-5}（= 0.0000344）$であることが示されている．P 値は Excel でも，F.DIST.RT 関数を使って次式で計算できる．

$$P 値（上側確率）= \text{F.DIST.RT}（F 値, 自由度, 自由度）$$
$$= \text{F.DIST.RT}（23.3, 9, 9）$$
$$= 3.44 \times 10^{-5}$$

C. 平均値の差の検定

平均値の差の検定は，平均値の差が t 分布に従うことを利用して行われる．

対応のある t 検定（8.1 節）で紹介したように，t 分布では，t 値と自由度があれば，P 値が計算できる．対応のない 2 群の平均値の差の検定においても，t 値と自由度を求めることになる．

その計算の仕方が，等分散が仮定できる場合と，そうでない場合で異なるため，用いる検定方法が区別される．具体的には，以下の方法を選択する．

等分散が仮定できる場合　：スチューデントの t 検定
等分散が仮定できない場合：ウェルチの t 検定

表 8.4 のデータを両方の方法で検定すると，表 8.6 の結果が得られる．すでに確認したように，表 8.4 のデータには等分散が仮定できなかった（8.2.B 項）ので，スチューデントの t 検定を用いるのは適切ではない．ここでは，2 種類の t 検定

表 8.6　表 8.4 のデータをスチューデントの t 検定とウェルチの t 検定で検定した結果
t(0.975) は，t 分布の下側 97.5 パーセント点．

条件	スチューデントの t 検定 等分散	ウェルチの t 検定 等分散でない
平均値の差	9.1	9.1
自由度	18	9.77
t 値	2.218	2.218
P 値（両側確率）	0.040	0.051
t(0.975)	2.101	2.228

を比較するために，あえて不適切な方法を適用している.

　平均値の差は，表8.4からも計算できるが，66.7 − 57.6 = 9.1 で，これはどちらの方法でも共通である.

　自由度は，スチューデントの t 検定では，産地Xのデータ数 − 1(10 − 1 = 9)と産地Yのデータ数 − 1(10 − 1 = 9)の合計の18であるが，ウェルチの t 検定では，より複雑な方法で計算が行われる(詳細は省略).

　統計的に有意であるかどうかは，t 値を有意水準のときの t 値と比較して判断する. スチューデントの t 検定では，t 値(2.218)のほうが基準値(t(0.975) = 2.101)よりも大きいので，統計的に有意($P < 0.05$)である. ウェルチの t 検定では，t 値(2.218)は基準値(2.228)より小さいので，統計的に有意ではない.

　なお，表8.6で，基準値が t(0.975)となっているが，この「0.975」は，有意水準5%の両側検定のためである. 両側検定なので，片側に2.5%(0.025)ずつ外れるような t 値を基準値としている.

　t 値と自由度がわかると，P 値が計算できる. 8.1節で紹介したように，P 値はExcelのT.DIST.2T関数により求めることができる. 表8.6の P 値と一致することを確認してみよう.

　　　スチューデントの t 検定　　P = T.DIST.2T(2.218, 18)　 = 0.040
　　　ウェルチの t 検定　　　　　P = T.DIST.2T(2.218, 9.77) = 0.051

8.3 研究における標本サイズ(n)の決め方

　2群の平均値を比較する研究を行う場合，予算などの制約もあるので標本サイズをなるべく小さくしたいものである. かといって，標本が少ないために統計的に意味のある結論を得ることができなければ，研究そのものが無駄になってしまいかねない. では，1群の標本サイズ(n)をどのように決めたらよいのだろうか.

　本節では，統計的に有意な結果を得るために，1群にどれだけの標本サイズが必要かを見積もる方法を紹介する.

　いま，ある介入(食事指導，運動指導など)の効果を研究したいとする※. また，これまでの予備試験や文献から，その介入により，ある指標の平均値がどれくらい変化するかがわかっているとする. その指標の一般的な散らばりの程度もわかっているならば，対照群(コントロール群)と介入群の標本サイズ(n)が同じで，平均値の差が統計的に有意となるようにするには，各群にどれだけの標本サイズが必要かは，以下の式によって求めることができる.

※介入研究については13.1節を参照.

[計算のもとになる数値]

注目する指標の平均値	未介入の場合	対照群	$X_{control}$
	介入した場合	介入群	X_{test}
注目する指標の散らばり		標準偏差	s
有意水準		α	0.05
検出力		$1-\beta$	0.8

通常，有意水準 α は 0.05，検出力 $1-\beta$ は 0.8（つまり $\beta = 0.2$）を使う．

[計算]　期待される平均値の差を　$d = |X_{control} - X_{test}|$　とすると，1群の標本サイズ n は以下のとおりとなる．

$$n \geq \frac{2s^2 \times (z_{\alpha/2} + z_\beta)^2}{d^2} \quad \cdots 式(8.1)$$

$z_{\alpha/2}$ と z_β は，それぞれ $\alpha/2$ と β に対応する標準正規分布の z 値である．$z_{\alpha/2}$ は両側検定の場合，両側に $\alpha/2$ ずつ外れるので，$\alpha/2$ としている．

2つの z 値は Excel では NORM.S.INV 関数を使って以下のように計算できる．

$$z_{\alpha/2} = z_{0.025} = NORM.S.INV(0.025) = -1.95996\cdots$$
$$z_\beta = z_{0.2} = NORM.S.INV(0.2) = -0.84162\cdots$$

したがって，$z_{0.025} + z_{0.2} = -2.80158\cdots$ なので，

$$(z_{0.025} + z_{0.2})^2 = 7.84885\cdots$$

$(z_{\alpha/2} + z_\beta)^2$ は定数のようなもので，$\alpha = 0.05$，$\beta = 0.2$ ならば，いつも変わらず約 7.85 である．

式(8.1)の右辺にこれを代入すると，以下のように整理できる．

$$n \geq 15.7 \times s^2/d^2$$

この式により，注目する指標の標準偏差 s と，期待される平均値の差 d から，1群の標本サイズを見積もることができる．

8.4 | 分布に正規性が仮定できない2群の比較

本章ではここまで，パラメトリック（量的）なデータで，正規性が仮定できる2群の比較について紹介してきたが，ここでは，そうでない場合について，どうしたらよいかを紹介する．

まず，データはパラメトリックだが正規性が仮定できないという場合には，データを対数変換するなどして，正規性が仮定できるようにすることを試みる．これにより，パラメトリックな方法が適用できるようになることもある(5.5節参照)．

次に，データはパラメトリック(量的)だが対数変換などを行っても正規性が仮定できない場合や，データがノンパラメトリック(質的)な場合には，ノンパラメトリックな解析方法により比較を行う．ノンパラメトリックな方法では，データは大小関係のみで評価され処理される．

A. 対応のある2群の平均値の比較

対応のある2群間の平均値の比較には，ウィルコクソンの符号付順位和検定を用いる．この検定では，対応するデータの差を求め，順位をつける．

たとえば，表8.1の食事指導前後の血清コレステロールのデータをウィルコクソンの符号付順位和検定で解析してみると，表8.7のような結果が得られる．

表8.2の食事指導後の数値が，食事指導前と食事指導後の差なので，それに順位をつけてみると，表8.8のようになる．差がゼロだった場合は，そのデータを除外し，差が等しいデータがあった場合は，そのすべてに平均順位をつける．例えば表8.8の「食事指導後」の数値を見ると，「−57」が2度出てくる．これらは大きいほうから8番目と9番目にあたるので，「順位」は平均順位である「8.5」となっている．

次に，つけた順位を，差がゼロより大きい(差＞0)ものとゼロより小さい(差＜0)ものに分ける．表8.7の上の表がそれで，たとえば，「差＞0」の行は，データ数2，順位和4，平均順位2となっている．これらは，表8.8の食事指導後の値が2(順位1)と5(順位3)のデータを集計して得られたものである

この順位から，検定統計量t[※]とzを求める．そしてz値に対応するP値が表8.7のP値で，$P = 0.0165$なので，統計的に有意であることがわかる．

※ 検定統計量 t(t値)は，5.2.B項で紹介した偏差値(T得点)とは別の統計量である．

	データ数	順位和	平均順位
差＞0	2	4	2
差＜0	8	51	6.375
順位差0の数	0		
同順位の数	1		
t値	4		
z値[※]	− 2.34		
P値(両側確率)	0.0165		

表8.7　表8.1のデータをウィルコクソンの符号付順位和検定で解析した結果

※z値は，同一順位の補正をしたもの

表8.8 食事指導前後
の差と，その順位

食事指導後	順位
− 22	5
5	3
− 60	10
− 57	8.5
2	1
− 32	6
− 57	8.5
− 3	2
− 47	7
− 14	4

B.　対応のない2群の平均値の比較

　対応のない2群の平均値の比較には，**マン-ホイットニの U 検定**を用いる．

　産地甲と産地乙のイチゴのビタミンC濃度を測定したら，表8.9の結果が得られたとする．産地乙では正規性の P 値が0.05未満なので，パラメトリックな方法を使って産地甲との平均値の差を比較することはできない．一方，F 検定の P 値は0.05以上なので，両者の分散は同じ（同じ母集団から抽出された）と考えることができる．マン-ホイットニの U 検定はこういった場合の2群の平均値の比較に使われる．

　産地甲と産地乙のイチゴのビタミンCの濃度に順位をつけると，表8.10のよ

表8.9 産地甲と産地
乙のイチゴのビタミン
C濃度

	産地甲	産地乙
	49	53
	50	55
	56	51
	48	54
	57	70
	87	54
	75	72
	78	72
	77	79
	81	48
平均値	65.8	60.8
標準偏差	15.1	11.1
P 値（正規性）	0.157	0.048
P 値（F 検定）	0.372	

産地	ビタミンC濃度	順位	補正した順位
甲	87	1	1
甲	81	2	2
乙	79	3	3
甲	78	4	4
甲	77	5	5
甲	75	6	6
乙	72	7	7.5
乙	72	8	7.5
乙	70	9	9
甲	57	10	10
甲	56	11	11
乙	55	12	12
乙	54	13	13.5
乙	54	14	13.5
乙	53	15	15
乙	51	16	16
甲	50	17	17
甲	49	18	18
甲	48	19	19.5
乙	48	20	19.5

表8.10　表8.9のビタミンC濃度につけられた順位

うになる．このとき同じ順位のものが2つあったら，補正を行う．

　この順位から計算された検定統計量 U※や z を整理したのが表8.11である．P値を見ると0.384で，有意水準0.05よりも大きい．したがって，統計的に有意ではないことがわかる．

　マン-ホイットニの U 検定は，比較する2群が同じ母集団から抽出されたと仮定して検定するので，比較する2群は等分散でなければならない．

　お互いに対応のない（独立な）2群を比較するノンパラメトリックな方法には，他に**ウィルコクソンの順位和検定**という方法がある．マン-ホイットニの U 検定とウィルコクソンの順位和検定は，計算方法自体は異なるものの，同じ結果になることが数学的に証明されている．したがって，どちらを使ってもかまわない．ただ，ウィルコクソンの順位和検定には，対応のあるデータに適用されるウィルコクソンの符号付順位和検定がある（前項で紹介した）．一般的に，ウィルコクソン検定といえばそちらを指すので，混乱しないように注意しなければならない．

※マン-ホイットニ検定では，U という統計量を検定に用いる．

表 8.11　表 8.9 の
データをマン-ホイッ
トニの U 検定で比較
した結果

	データ数	順位和	平均順位
産地甲	10	93.5	9.35
産地乙	10	116.5	11.65
U 値		61.5	
z 値		0.870	
P 値		0.384	

8.5 | 検定法の選択

　本章で紹介してきた検定法は，それぞれどのような条件で適用できるか整理しよう．データの正規性が仮定できるか，等分散性が仮定できるか，そして 2 群に対応があるかの 3 点について場合分けをして，各条件で適用可能な検定法を書き出すと表 8.12 のようになる．とくに，対応のない(独立した)2 群間の平均値を比較する際に，スチューデントの t 検定，ウェルチの t 検定，マン-ホイットニの U 検定(ウィルコクソンの順位和検定)の 3 つの方法からどれを選ぶべきかは，この表を使えば一意に決まる．

　しかし，実践の場では，表 8.12 に従って検定手法を選んでいない例を見かけることもある．従わない理由はいくつかあるようだ．

　ひとつには，t 検定は正規性や等分散性を満たしていなくてもあまり影響を受けないという「頑健性(ロバストネス)」がある．また，データが質的なデータである場合は別として，量的なデータで，

a. 両群の n が 10 倍以上違う
b. 外れ値や極端な分布のひずみがある

表 8.12　2 群 の 平均
値の差の検定方法

正規性	等分散性	対応	検定方法
○		ある	対応のある t 検定
○	○	ない	スチューデントの t 検定
○	×	ない	ウェルチの t 検定
×		ある	ウィルコクソンの符号付順位和検定
×	○	ない	マン-ホイットニの U 検定 (ウィルコクソンの順位和検定)

○は正規性あるいは等分散性が仮定できることを，×は仮定できないことを表す.

といった極端な偏りがなければスチューデントの t 検定を使ってもよいという考え方もある.

また，等分散を仮定できない場合に用いるウェルチの t 検定は，ある程度の分布の歪みにも対応できる．そこで，平均値の差の検定にはウェルチの t 検定を標準的な方法にすべき，との考え方もある.

検定法の名前について

　5章では正規性の検定法として，コルモゴロフ-スミルノフ検定，シャピロ-ウィルク検定といった方法を紹介したが，本章でもウィルコクソンの符号付順位和検定，スチューデントの t 検定，ウェルチの t 検定，マン-ホイットニの U 検定と多くの検定法を紹介した．これらの検定法につけられた名前は，通常，その手法を作った人の名前に由来する.

　しかし，スチューデントの t 検定だけは例外で，これを作ったのはスチューデントという名前の人ではない．スチューデントの t 検定を作ったのは，ウィリアム・ゴセット（William S. Gosset；1876 〜 1937）という技術者で，イギリスのビール会社で品質管理を行っていた．彼は，少ない標本から結論を導き出せるという，当時としては画期的な統計手法を開発した．しかし，所属していた会社は従業員が本名で研究成果を発表することを禁止していたので，1908 年に「スチューデント」というペンネームで研究成果を発表した．その後も同名で次々に論文を発表したので，スチューデントの t 検定という名称になった.

　ゴセットの一連の研究は，「小標本統計」という考え方を開拓した．これが，現在使われている多くの統計解析法の基礎になっている.

第8章　演習問題

【1】　表 8.1 のデータについて，下記の方法で分析してみよう．

　　a. Excel の分析ツール「*t* 検定：一対の標本による平均の検定」を用いて対応のある *t* 検定を行おう．

　　b. Excel の T.TEST 関数を用いて対応のある *t* 検定を行おう．得られた結果を a の結果と比べてみよう．

　　c. a で得られた *t* 値と自由度から，Excel の T.DIST.2T 関数を使って *P* 値(両側確率)を計算しよう．得られた結果を a の結果と比べてみよう．

【2】　表 8.4 のデータについて，下記の方法で分析してみよう．

　　a. 産地 X と産地 Y それぞれのデータ数，平均値，不偏分散を計算し表 8.4 と一致していることを確認しよう．

　　b. Excel の分析ツール「*F* 検定：2 標本を使った分散の検定」を用いて *F* 検定を行おう．

　　c. b で得られた *F* 値(観測された分散比)と自由度から，Excel の F.DIST.RT 関数を使って *P* 値(片側確率)を計算しよう．得られた結果を b の結果と比べてみよう．

　　d. Excel の分析ツール「*t* 検定：等分散を仮定した 2 標本による検定」と「*t* 検定：分散が等しくないと仮定した 2 標本による検定」を用いて *t* 検定を行おう．得られた結果を表 8.6 と比べてみよう．

　　e. Excel の T.TEST 関数を用いて *t* 検定(等分散の 2 標本と非等分散の 2 標本)を行おう．得られた結果を d の結果と比べてみよう．

9. 3つ以上の群の平均値の比較

カルロ・エミリオ・ボンフェローニ
(1892 〜 1960)
イタリアの数学者。確率論を研究し、多重比較に関するボンフェローニの不等式やボンフェローニの修正を開発した。

本章では、3群以上の平均値を比較する場合の考え方と、具体的な方法を学ぶ。3群以上の平均値の比較を**多重比較**という。

9.1 | 検定の多重性

7章、8章に続いて、ここでもイチゴのビタミンC含量を例に考えてみる。

産地X, Y, Zのイチゴをそれぞれ10個ずつ集め、ビタミンC含量を測定し、表9.1の結果が得られたとする。データ数は3群とも10で、平均値は産地Xが66.7 mg/100 gであるのに対し、産地Yは57.6 mg/100 g、産地Zは61.1 mg/100 gである。また、それぞれの群で正規性を検定した結果がP値で

	産地 X	産地 Y	産地 Z
	65	62	61
	61	55	63
	69	58	58
	68	60	58
	62	57	61
	72	58	65
	63	53	62
	69	56	65
	71	57	59
	67	60	59
要素数	10	10	10
平均値	66.7	57.6	61.1
不偏分散	14.5	6.9	7.0
正規性(P値)	0.342	0.425	0.342

表 9.1　産地 X, Y, Z のイチゴのビタミンC含量（mg/100 g）

示されており，いずれの群も $P > 0.05$ で正規性が仮定できる．

産地 X，Y，Z のイチゴのビタミン C 含量が違うかどうか，平均値を比較するにはどうしたらよいだろうか．

A.　t 検定の繰り返し：してはいけない例

8 章で学んだ平均値の差の検定が思いつくだろう．実施するとしたら，以下のようになる．

表 9.1 のイチゴのビタミン C 含量のデータは，産地 X，Y，Z の各群ともデータは正規分布に従っていると考えてよい（正規性が仮定できる）．さらに，2 群を取り出して F 検定を行うと，どの組み合わせ（X と Y，Y と Z，Z と X）でも等分散性が仮定できるので，平均値の比較にスチューデントの t 検定が使える．

そこで，産地 X，Y，Z から 2 つの産地を選んで，それぞれのイチゴのビタミン C の含量を有意水準 $P < 0.05$ としてスチューデントの t 検定で比較すると，表 9.2 のようになる．比較できるすべての 2 群の組み合わせで統計的に有意なので，産地 X，産地 Y，産地 Z のイチゴのビタミン C 含量の平均値は，それぞれすべて異なっているという結果になった．

表 9.2　表 9.1 から選んだ 2 群をスチューデントの t 検定で比較した結果（してはいけない例）

	平均値の差（絶対値）	P 値（両側確率）	判定
産地 X と産地 Y	9.1	7.17×10^{-6}	有意（$P < 0.05$）
産地 X と産地 Z	5.6	0.000621	有意（$P < 0.05$）
産地 Y と産地 Z	3.5	0.008269	有意（$P < 0.05$）

一見，なんの問題もなさそうだが，実は，これはしてはいけない例である．

B.　t 検定の繰り返しの問題点

なぜ，t 検定を繰り返してはいけないのかを考えてみたい．

表 9.1 のデータについて知りたかったのは，産地 X，Y，Z のイチゴのビタミン C 含量が違うかどうかであった．そこで，産地 X，Y，Z の 3 つから 2 つの産地を選んで t 検定を繰り返して，表 9.2 の結果が得られた．

検定では，比較するのは平均値であるが，検定しているのは「平均値に差がない」という帰無仮説だった．表 9.2 はスチューデントの t 検定を 3 回行った結果だが，検定した帰無仮説は以下の 3 つであった．

表 9.3　表 9.2 で検定
した帰無仮説

帰無仮説	P 値	
	成立しない（棄却される）	成立する（棄却されない）
産地 X と産地 Y のイチゴの ビタミン C 含量には差はない	0.05	0.95
産地 X と産地 Z のイチゴの ビタミン C 含量には差はない	0.05	0.95
産地 Y と産地 Z のイチゴの ビタミン C 含量には差はない	0.05	0.95

↓

①すべての帰無仮説が成立する（棄却されない）確率
$$0.95 \times 0.95 \times 0.95 = 0.857$$

↓

②少なくともどれかひとつの帰無仮説が成立しない（棄却される）確率
$$1 - 0.95 \times 0.95 \times 0.95 = 0.143$$

「産地 X と産地 Y のイチゴのビタミン C 含量には差はない」
「産地 X と産地 Z のイチゴのビタミン C 含量には差はない」
「産地 Y と産地 Z のイチゴのビタミン C 含量には差はない」

　本来の目的は，産地 X，Y，Z のイチゴのビタミン C 含量が違うかどうかを有意水準 0.05（5%）で検定することである．この場合，実際に検定したいのは「産地 X，Y，Z のイチゴのビタミン C 含量（の平均値）に差はない」という，ひとつの帰無仮説になる．この帰無仮説のもとで手元のデータが得られる確率が 0.05 よりも大きいか，を調べなければならない．この本来の（3 群の差についての）帰無仮説は，たしかに，表 9.2 で検定した 3 つの（2 群の差についての）帰無仮説に分解できる．

　しかし，分解した 3 つの帰無仮説をそれぞれ有意水準 0.05 で検定しても，本来の帰無仮説を有意水準 0.05 で検定したことにはならない．表 9.3 に示したように，3 つのうち少なくとも 1 つの帰無仮説が棄却される確率が 0.143 と，有意水準より大きなものになってしまうからだ．つまり，起こる確率が 5% 未満だったらめずらしい（統計的に有意）と判断しようとしていたのに，2 群比較を繰り返すと，どこかの群間が統計的に有意になってしまう確率が 14.3% もある．

　このように，2 群の比較を何度も繰り返すと，全体としては有意水準が 5% より大きくなってしまう．つまり，本来有意でないものを有意だと結論する過誤（第 1 種の過誤）が起こりやすくなってしまう．これを**検定の多重性**の問題という．

9.2 | 分散分析：全体としての比較

　3つ以上の標本の平均値を比較する際には，検定の多重性の問題を避け，全体として有意水準を維持しなければならない．そのために用いられるのが，**分散分析**（analysis of variance：ANOVA）である．

　3つ以上の群のデータを一般化したものとして，表9.4を考える．

　表9.4では，AからDまでの4つの群がある．それぞれの群のデータに関連（対応）はなく，各群の標本サイズは，n_A，n_B，n_C，n_Dであり，必ずしも等しくはないかもしれない．各群の平均値と分散は，$\bar{x}$とVに標本サイズと同様の添え字をつけた記号（$\bar{x}_A$やV_A）で表されている．表の下に示したように，群の数は添え字のないa，全体の標本サイズをn_T，平均値を$\bar{x}_T$とする．また，各群とも正規性と等分散性が仮定できるとする．

　表9.4は，群という**要因**で4つの**水準**に分けられているが，各群の要素に対応（関連）はないので，全体を分けているのは，群という1つの要因だけである．このようなデータを**一元配置のデータ**という．

　前章の復習になるが，2群の平均値の比較では，検定法の選択のために両群の等分散性を調べる．具体的には，両群の分散の比がF分布に従うことを利用して，F検定を実施する．その結果に応じて，スチューデントのt検定とウェルチのt検定のどちらを使うべきかを判断すればよい．

　3群以上の平均値の比較でも同様に，分散の比がF分布に従うことを利用する．

　統計ソフトで分散分析を行うと，表9.5のような**分散分析表**が得られる．分散

> **要因と水準：** 分散分析では，平均値に影響を与えると考えられる変数を要因という．また，要因に含まれる分類を水準という．表9.4の例では，群が要因で，群に含まれるA，B，C，Dの分類が水準である．

表9.4　一元配置のデータ

群	A	B	C	D
要素	x_{A1}	x_{B1}	x_{C1}	x_{D1}
	x_{A2}	x_{B2}	x_{C2}	x_{D2}
	$\vdots$	$\vdots$	$\vdots$	$\vdots$
	x_{An_A}	x_{Bn_B}	x_{Cn_C}	x_{Dn_D}
要素数	n_A	n_B	n_C	n_D
平均値	$\bar{x}_A$	$\bar{x}_B$	$\bar{x}_C$	$\bar{x}_D$
不偏分散	V_A	V_B	V_C	V_D

群の数　$a = 4$
全体の要素数（標本サイズ）　$n_T = n_A + n_B + n_C + n_D$
全体の平均値　$\bar{x}_T = \dfrac{n_A\bar{x}_A + n_B\bar{x}_B + n_C\bar{x}_C + n_D\bar{x}_D}{n_A + n_B + n_C + n_D}$

表9.5 分散分析表

要因	平方和	自由度	平均平方	F 値
群間変動	S_A	$df_A = a - 1$	$V_A = \dfrac{S_A}{df_A}$	$\dfrac{V_A}{V_E}$
残差変動	S_E	$df_E = n_T - a$	$V_E = \dfrac{S_E}{df_E}$	
全変動	S_T	$df_T = n_T - 1$		

分析表では，群間の変動と誤差の変動を分けて計算する．

　表9.4のデータを標本サイズが n_T の１つの集団としてみて，各標本と全体の平均値との差の２乗を合計したのが表9.5の**全変動**の平方和 S_T であり，これが全体の散らばり具合(変動)を表している．この散らばり具合(変動)を，**群間変動**と**残差変動**とに分けたのが，その上の２行で，$S_T = S_A + S_E$ が成り立っている．添え字は，T は total(全体)，E は error(誤差)，A は表9.4で群の名前として使った文字である．群間変動というのは，表9.4の，A から D までの４つの群間(水準間)の変動であり，残差変動というのは，それ以外の(残りの)変動である．

　平均平方は，群間変動，残差変動の平方和をそれぞれの自由度で割ったもので，これが分散に相当する．群間変動の平均平方を残差変動の平均平方で割ったのが F 値で，これが分散比に相当する．

　このように，分散分析表では，データ全体の散らばりを，群間とその他の残差に分けて，それぞれの平均的な大きさ(平均平方=分散)の比(F 値)を求めている．

　表9.4でイメージすると，各群の平均値($\bar{x}_A$, $\bar{x}_B$, $\bar{x}_C$, $\bar{x}_D$)と全体の平均値($\bar{x}_T$)との差に起因する変動をまとめたのが群間変動である．群間変動はいわば，横方向の群(水準)間の散らばりをまとめたもの．そして，全変動から群間変動を引いたのが残差変動である．これは，各群の分散(V_A, V_B, V_C, V_D)と標本サイズ(n_A, n_B, n_C, n_D)からも計算できるので，いわば縦方向の散らばりをまとめたものとも考えられる．

　つまり，表9.4の全標本の散らばりを，横方向と縦方向に分けて，その比をとったのが F 値である．いま，各群の平均値に差がなければ，横方向(群間)の散らばりも，縦方向(残差)の散らばりも差がないだろうから，その比(F 値)は１にかなり近くなるだろう．各群の平均値に差があった場合は，群間(横方向)の散らばりのほうが残差(縦方向)の散らばりよりも大きいので，F 値は１より大きくなる．

　そして，F 値が F 分布に従うことを利用して，残差変動に対して群間変動が有意に大きいかどうかを検定するのが分散分析である．F 値が有意水準の基準値よりも大きければ，統計的に有意であると判断する．

　ところで分散分析では，たしかに分散の比を検定しているが，比較しているのは横方向(群間の平均値)の散らばりが縦方向(群内)の散らばりと比べて大きいかどうかということなので，検定している帰無仮説は「群間変動は残差変動と差がな

い → 各群の平均値に差はない」ということになる．したがって，分散分析で統計的に有意になると，「各群の平均値に差はない」という帰無仮説が棄却され，「各群の平均値は同じではない(違いがある)」という対立仮説を採択することになる．

　以上のように，一元配置のデータを分散分析することで，検定の多重性の問題を避けて各群の平均値に差があるかどうかを検定することができる．なお，分散分析の対象となるデータは一元配置とは限らない．2 つの要因により群を分ける，二元配置の場合もある(12 章参照)．これらを区別するために，一元配置のデータに対する分散分析を一元配置分散分析と呼ぶ．

9.3 ボンフェローニ法

　分散分析を用いることで，一元配置のデータの各群間の平均値に差があるかどうかを検定することができた．ただし，統計的に有意であった場合にわかるのは，「各群の平均値は同じではない(違いがある)」ということだけである．通常，このようなデータで平均値の比較をする場合，知りたいのはどの群とどの群の平均値が違うかなので，それでは困る．

　全体としての有意水準を 5% に保ったまま，群間の平均値の差を調べるにはどうしたらよいか，表 9.1 のデータを例に考えてみよう．まずは，9.1 節の復習からだ．

　表 9.1 には，産地 X，Y，Z の 3 つの群がある．この中から 2 つを選ぶ組み合わせは，X と Y，X と Z，Y と Z の 3 通りで，表 9.2 ではこの 3 つの組み合わせについてスチューデントの t 検定を繰り返した．しかし，その方法には検定の多重性の問題があり，表 9.3 のように，どれか 1 つの組み合わせを有意と判定する確率は 0.05 ではなく 0.143 になってしまった．

　その理由は，表 9.3 に示された 3 つの帰無仮説を，それぞれ有意水準を 0.05 として検定したからだった．この問題を回避するために，イタリアの数学者ボンフェローニ(1892 ～ 1960)は，個々の帰無仮説を小さな有意水準で検定し，全体としての有意水準を保つことを考えた．具体的には，全体としての有意水準(5%)を帰無仮説の数(3)で割り，そうして得た値(1.67%)を個々の帰無仮説の有意水準とする，という方法である．これは，次に示すボンフェローニの不等式に基づく．

【ボンフェローニの不等式】

| 帰無仮説のうち少なくともどれか1つが
棄却される確率 | ≦ | 各帰無仮説が
棄却される確率の合計 |

ボンフェローニの不等式は，図9.1のようなイメージにするとわかりやすい．いまH₁，H₂，H₃の3つの帰無仮説があり，図9.1の円の面積は，それぞれの帰無仮説が棄却される確率を表しているとする．円と円が重なっている部分は，重なっている円に対応する仮説のすべてが棄却される確率である．左の図は全体として，3つの帰無仮説のうち少なくともひとつが棄却される確率を表す．青く塗った部分は，帰無仮説H₁とH₂が棄却され，H₃が棄却されない確率に相当する．一方，右の図は全体として，3つの帰無仮説の棄却される確率の総和を表す．

3つの帰無仮説があったとき，2つ以上の帰無仮説が棄却されることもあるので，少なくともひとつが棄却される確率は，3つの帰無仮説がそれぞれに棄却される確率の合計よりも小さくなる．もちろん，重なりがまったくない場合には，右図と左図は同じになる．

そこでボンフェローニは，全体の有意水準(0.05)を検定する仮説の数で割ったものを有意水準として個々の仮説を検定すれば，2群比較を繰り返した際に問題となった第1種の過誤を避けられると考えたのである．このような有意水準の補正方法を**ボンフェローニ法**という．

しかし，群の数が増えると，逆に有意性を検出しにくくなってしまうという問題点もある．たとえば群が5つあった場合には，その中の2つを取り出す組み合わせは $_5C_2 = 10$ 通りあるので，全体の有意水準を5%(0.05)に保持しようとすると，個々の仮説は 0.05/10 = 0.005 を有意水準として検定しなければならなくなる．さらに群が増え，たとえば10個の群があったとすると，$_{10}C_2 = 45$ なので，個々の仮説は，有意水準を 0.05/45 = 0.0011 として検定することになる．この計算からわかるように，群の数が4〜5以上になると，有意性を検

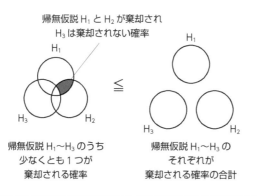

帰無仮説H₁とH₂が棄却され
H₃は棄却されない確率

帰無仮説H₁〜H₃のうち
少なくとも1つが
棄却される確率

帰無仮説H₁〜H₃の
それぞれが
棄却される確率の合計

図9.1 ボンフェローニの不等式のイメージ
円H₁，H₂，H₃が，それぞれの帰無仮説が棄却される確率を表している．

出するのが極端に難しくなるのがボンフェローニ法の問題点である.

　そこで，全体としての有意水準を保ったまま，3 群以上の平均値の比較を行う場合に，検出力を高める方法が複数考案されている. この先（9.4 および 9.5 節）で代表的なものを紹介する.

9.4 分散の均一性

　対応のない 2 群の平均値の比較と同様に，3 群以上のパラメトリックなデータの平均値の比較をする際にも，各群の母集団が正規分布に従っていること（正規性）と分散が均一であること（等分散性）の 2 つが仮定できることが前提になる.

　3 群以上の場合，分散が均一であるかどうかの検定には F 検定（8.2.B 項参照）ではなく，バートレット検定という方法を用いる. この方法は，F 分布ではなくカイ 2 乗（x^2）分布を用いる（本書ではバートレット検定の計算方法については触れない. カイ 2 乗分布については 14 章を参照）.

9.5 多重比較の帰無仮説と分析方法

　3 群以上のデータの比較を行おうとすると，複数の帰無仮説を扱わなければならず，検定の多重性の問題や，ボンフェローニ法で検出力が低くなるという問題を招く. そこで，検出力を上げる方策として，検定する帰無仮説の数を減らすことが考えられる.

　いま A，B，C，D の 4 つの群があった場合を例として，図 9.2 の①〜③の順に，多重比較に使われる平均値の比較方法と帰無仮説の数の減らし方を考えよう.

A. すべての組み合わせを比較

図 9.2　4 群の平均値を比較する場合

　A 〜 D の 4 群（それぞれの平均値は $\bar{x}_A$, $\bar{x}_B$, $\bar{x}_C$, $\bar{x}_D$）について，あらゆる 2 群の組

① すべての組み合わせを比較

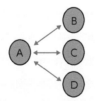

② A とその他を比較

③ 単調な大小関係（傾向）があるかどうかを調べる

み合わせで平均値を比較することを考えてみよう．2群の組み合わせの数は $_4C_2$ ＝6なので，以下の6つの帰無仮説（$H_{AB} \sim H_{CD}$）が考えられる．

H_{AB}： $\overline{x}_A = \overline{x}_B$
H_{AC}： $\overline{x}_A = \overline{x}_C$
H_{AD}： $\overline{x}_A = \overline{x}_D$
H_{BC}： $\overline{x}_B = \overline{x}_C$
H_{BD}： $\overline{x}_B = \overline{x}_D$
H_{CD}： $\overline{x}_C = \overline{x}_D$

　考えられる2群の組み合わせをすべて比較する（帰無仮説 $H_{AB} \sim H_{CD}$ をそれぞれに検定する）ことを，すべての群間の対比較という．図9.2の①のようなイメージである．この方法では，どの群とどの群のあいだに差があるかをすべて検定するので，比較する群についてあまり情報がない場合にとても強力である．ただし，検定する帰無仮説の数が多いので，その分，平均値の差を検出しづらくなる．
　すべての群間の対比較をする場合には，**テューキー**（Tukey）**法**がよく使われる（各群の標本サイズに違いがある場合には，**テューキー-クレーマー**（Tukey-Kramer）**法**が用いられる）．

B.　対照群とその他の群の比較

　図9.2の②のように，標本AからDのうち，どれか1つを対照群として，それ以外の群との比較をするのなら，検定する仮説の数を減らすことができる．たとえば，標本Aを対照群とするのなら，検定する仮説を以下の3つに減らすことができる．

H_{AB}： $\overline{x}_A = \overline{x}_B$
H_{AC}： $\overline{x}_A = \overline{x}_C$
H_{AD}： $\overline{x}_A = \overline{x}_D$

　この方法は，たとえば有効だと思われる処理が3つあった場合に，それぞれが無処理群（対照群）と比較した場合に有効であるかどうかを，すべての群間の対比較よりも優れた検出力で検定することができる．
　対照群との対比較をする場合には，**ダネット**（Dunnett）**法**がよく使われる．

C.　単調な傾向がある場合

　対照群と処理群との比較で，比較する処理がそれぞれまったく独立であれば，

前項で説明したように対照群とそれぞれの処理群を比較すればよい。しかし、もし比較群になんらかの予想が立てられる場合には、さらに工夫の余地がある。たとえば、薬物の効果が投与量の増加に応じて、単調に増加すると期待されるとしよう。つまり、投与量が 10 mg の処理群と 20 mg の処理群、30 mg の処理群があった場合、注目する値(薬物の効果の大きさを反映する値)もこの順で大きく(あるいは小さく)なると予想される(図 9.2 ③)。

このように、対照群に対して単調に増加あるいは減少する(単調性がある)と期待される群が複数あり、比較をする場合には、対照群が第何番目以降の処理群と有意差があるのかを検定すればよい(図 9.3)。つまり、「単調性がない」(この場合、対照群と一番遠い群とで差がない)という 1 つの帰無仮説のみを検定すればよく、帰無仮説が増えることによる検出力の低下を避けられる。

このような検定をする場合には、**ウィリアムズ**(Williams)法がよく使われる。

単調性の検定を行うときには、あらかじめ単調に増加(あるいは減少)する傾向が予想されているので、増加と減少のどちらか片方だけを検定することになる。ただし、本当に増加するか減少するかは不明な状況で調べるので、全体として(増加・減少の両側で)有意水準を α として検定したい場合には、検定の際の有意水準を $\alpha/2$ にする必要がある。つまり通常は有意水準を 0.025 として検定するのである。

多重比較をするのに分散分析は必要ではない

　本章ではここまで、3 群以上の平均値を比較する方法について述べてきた。9.2 節では、分散分析を行うことで、すべての群の平均値が等しいかどうかを検定できることを紹介した。また、9.5 節で見たように、どの 2 群の間に差があるかは、多重比較の手法を使って調べられるのであった。

　この流れを振り返ると、分散分析により有意になった(=「すべての群の平均値が等しい」という帰無仮説が棄却された)場合にのみ、事後検定(post-hoc test)として多重比較により各群間の平均値の差を検定するという順序で処理する必要があるかと思うかもしれないが、そうではない。そのような手順では、分散分析(F 検定)ののちに、さらに多重比較により検定を行うことになるので、検定の多重性の問題が生じてしまうからだ。したがって、多重比較により平均値を比較する場合には、あらかじめ分散分析を行う必要はない、というよりは、併用すべきではないといったほうが正しい。分散分析は群間に差があるかどうかを調べるとき、多重比較は群間の関係をより詳しく調べるとき、というように使い分けるとよい。

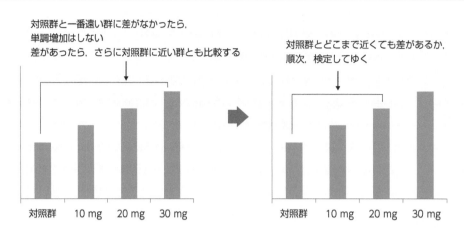

対照群と一番遠い群に差がなかったら，
単調増加はしない
差があったら，さらに対照群に近い群とも比較する

対照群とどこまで近くても差があるか，
順次，検定してゆく

対照群　10 mg　20 mg　30 mg

対照群　10 mg　20 mg　30 mg

図 9.3　単調な増加（あるいは減少）が期待される場合の帰無仮説の検定

9.6　多重比較に用いられる方法

　ここまでパラメトリックなデータについて説明をしてきたが，データが順序尺度であったり，正規性が仮定できなかったりした場合に使用できる，ノンパラメトリックな多重比較法も開発されている．ノンパラメトリックな多重比較では，マン-ホイットニの U 検定（8.4.B 項）の場合と同様に，データは大きさでなく順位によって処理される．

　表 9.6 に多重比較によく用いられる方法を整理した．

　すべての群の対比較には，テューキー法（各群の標本サイズが異なるときはテューキー-クレーマー法）がよく使われるが，標本が 3 つだけでそれぞれの標本サイズが等しい場合には，より検出力の高い**フィッシャーの最小有意差法**[※]（Fischer's least significant difference：LSD）を使うことができる．データがノンパラメトリックな場合には，**スティール-ドゥアス**（Steel-Dwass）**法**かクラスカル-ウォリス（Kruskal-Wallis）**法**を用いる．

　対照群とその他の群との対比較にはダネット法を用いるが，データがノンパラメトリックな場合には**スティール**（Steel）**法**を用いる．

※フィッシャーの制約付最小有意差法あるいは制約付最小有意差法（PLSD）とも呼ばれる

検定する帰無仮説	データ	
	パラメトリック	ノンパラメトリック
すべての群の対比較	テューキー法（テューキー-クレーマー法）フィッシャーの最小有意差法[※]	スティール-ドゥアス法クラスカル-ウォリス法
対照群との対比較	ダネット法	スティール法
単調な傾向の検定	ウィリアムズ法	シャーリー-ウィリアムズ法

表 9.6　3 群以上の平均値の比較（多重比較）でよく用いられる方法

※比較する群の数が 3 のときのみ有効

単調に増加あるいは減少する傾向が期待できる場合には，ウィリアムズ法を用いるが，データがノンパラメトリックな場合には**シャーリー−ウィリアムズ**(Shirley-Williams)**法**を用いる.

以上に述べた方法よりも，一般的には検出力が落ちるが，**シェッフェ**(Scheffe)**法**とボンフェローニ法も使われることがある.

一般的に，パラメトリックな方法のほうがノンパラメトリックな方法よりも検出力が高いが，各群の正規性や等分散性が要求される．一方，ノンパラメトリックな手法は，そのようなデータの分布についての確認を必要としない(分布によらない＝ distrubution free)ので，確認をしなくても適用可能であるが，検出力は低い(有意性を検出しにくい).

以上の性質をふまえて，常にノンパラメトリックな手法を用いるほうがよいとする考え方もある．検出力の低いノンパラメトリックな方法で統計的な有意性が認められたのであれば，パラメトリックな方法でも有意であると結論されることは間違いない.

第9章　演習問題

【1】　表 9.1 のデータについて下記の分析をしてみよう．ただし，このデータには正規性と等分散性が仮定できるとする.

　　a. Excel の分析ツール「分散分析：一元配置」を用いて分散分析を行おう.

　　b. a で得られた結果から，3 群間の平均値について何がわかるだろうか？

　　c. Excel の分析ツール「t 検定：等分散を仮定した 2 標本による検定」を使って，①産地 A と産地 B，②産地 A と産地 C，③産地 B と産地 C の平均値を比較しよう．得られた P 値をボンフェローニ法で全体の有意水準を 0.05 とした場合と 0.01 とした場合のそれぞれで評価し，平均値に差があるかどうかを検定しよう.

　　d. ①産地 X と産地 Y，②産地 X と産地 Z，③産地 Y と産地 Z の平均値について，b と c からわかったことを簡潔な文章でまとめよう.

【2】　【1】の d では，産地 X，産地 Y，産地 Z のすべての組み合わせについてスチューデントの t 検定を行い，得られた P 値をボンフェローニ法で検定した．しかし，多重比較で分析できるのであれば，そうしたほうがよい．【1】d と同様の比較を行うのに適した多重比較の方法は何だろうか.

【3】　もし表 9.1 のデータに正規性が仮定できなかったとすると，すべての群間の比較を行うのに適した多重比較法は何だろうか.

10. 2つの変数の相関

カール・ピアソン（1857～1936）
イギリスの統計学者で記述統計学を大成した.
著書「科学の文法」（1892）で，統計学と科学の
関係を解説し，アインシュタインや寺田寅彦ら
に強い影響を与えたといわれる.

あるデータで，たとえば身長と体重のように2つの変数（変量）の関係を調べる
方法について学ぶ．このような解析を行う場合，その目的には以下の2つがある.

① 2つの変数は関連しているか，たとえばどちらかの変数が大きいと，もう片
　 方の変数も大きい（あるいは逆に小さい）という関係があるかどうかを調べる.
②片方の変数の値から，もう片方の変数の値を予測できるようにする.

　本書では，まず①の目的について，連続変数間の関連性を相関係数として評価
する方法を本章で学び，連続変数でない場合にも拡張する．次いで11章で，②
の目的について，1つの連続変数からもう1つの連続変数の値を予測する回帰と
いう方法を学ぶ.

10.1 ピアソンの相関係数

　2つの連続変数 x, y の関係を調べるには，まず横軸を x，縦軸を y としてデー
タをプロットした**散布図**（scatter plot）を描いてみるとよい．図10.1の例をみる
と，Aは，ある点を中心とする円形の領域にすべてのデータが分布しており，そ
れ以外のBからFは，なんらかの直線もしくは曲線に沿って分布していること
がわかる．いずれの場合も，2つの変数に関係はありそうだが，どう評価すべき
だろうか.

　このうち，B，D，Eのように片方の変数が大きいほど，もう片方の変数も大
きくなるという関係がある場合，「**正の相関がある**」という．逆に，Cのように
片方の変数が大きいほど，もう片方が小さくなるという関係がある場合には「**負
の相関がある**」という.

　このような**相関関係**のうち，BやCのような直線関係を評価するために使わ

散布図：2種類の変
数を縦軸と横軸とし，各要素をプロッ
トしたもの.

図 10.1　2つの連続変数の関係の例
横軸が x，縦軸が y

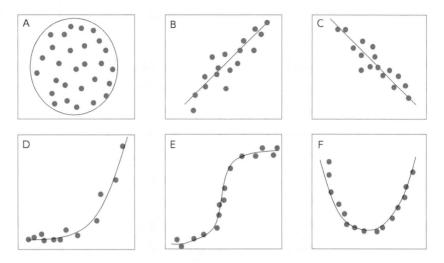

れるのが，ピアソンの相関係数である．

A.　ピアソンの相関係数の求め方

　直線関係があるかどうかを調べる方法を，散布図上で考えてみよう．散布図に2つの連続変数 x, y の平均値 $\bar{x}$, $\bar{y}$ の位置に線を引くと，散布図を $(\bar{x}, \bar{y})$ を原点とした4つの領域に区分することができる．ここで，右上の領域をⅠとして反時計回りにⅠ〜Ⅳの番号をつけ，それぞれを第Ⅰ象限〜第Ⅳ象限と呼ぶ（図10.2）．

　図 10.2 は2つの連続変数 x（横軸）と y（縦軸）についての散布図で，23 個のデータが点として表されている．すべての点が1本の直線に乗るわけではないが，左下から右上にのびる直線の近くに分布している，とはいえそうだ．このことを，印象だけでなく数値で評価したい．なお，散布図の中央付近で交わる2本の破線が引かれているが，縦線は変数 x の平均値 $\bar{x}$，横線は変数 y の平均値 $\bar{y}$ を表す．したがって，交点の座標は $(\bar{x}, \bar{y})$ である．

　もし，2つの変数 x, y のあいだに，正の直線関係（$y = ax + b$ の直線で a がゼロより大きい）があったとしたら，データは第Ⅰ象限と第Ⅲ象限に多く分布する．逆に，負の直線関係（$y = ax + b$ の直線で a がゼロより小さい）があったとしたら，データは第Ⅱ象限と第Ⅳ象限に多く分布するはずである．

　これを数値で評価するために，$\bar{x}$, $\bar{y}$ の線の交点 $(\bar{x}, \bar{y})$ を原点として考えてみる．たとえば，点 A のもとの座標が (x_A, y_A) だとしたら，$(\bar{x}, \bar{y})$ を原点とした場合の座標は $(x_A - \bar{x}, y_A - \bar{y})$ になる．すべての点について，同様の座標の変換が可能である．この新しい座標の x と y を掛け算するとその積は，点が第Ⅰ象限あるいは第Ⅲ象限にある場合は正の値，第Ⅱ象限か第Ⅳ象限にある場合は負の値をと

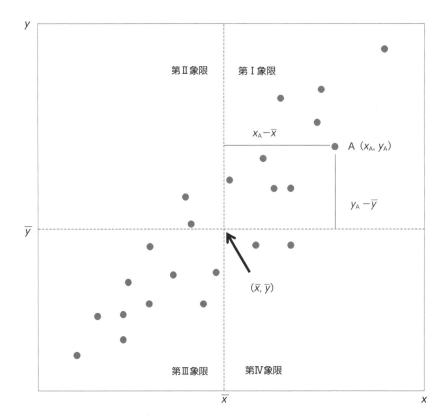

図 10.2　変数 x と y に正の相関がある場合の散布図
各変数の平均($\bar{x}$ と $\bar{y}$)を中心に 4 つの象限に分けた．第 I 象限($x > \bar{x}$ かつ $y > \bar{y}$)と第 III 象限($x < \bar{x}$ かつ $y < \bar{y}$)に多くのデータが分布していることがわかる

る．すべてのデータについて，新しい座標の x と y の積(「座標の積」と呼ぶことにする)が求められる．先ほど考えたとおり，正の直線関係(正の相関)がある場合，多くのデータが第 I 象限と第 III 象限に分布する(座標の積が正の値をとる)ので，座標の積の合計は正の値をとりやすい．逆に，負の直線関係(負の相関)がある場合には，座標の積の合計が負の値となりやすい．

　データ数や，x, y それぞれの変数の標準偏差を使って，合計値を最小値が−1 で最大値が 1 の範囲に入るように標準化したものが，**ピアソンの相関係数** r である．

B.　ピアソンの相関係数の注意点

　ピアソンの相関係数は，それぞれのデータが 2 つの変数 x, y の平均値からどれだけ離れているかということと，それぞれの変数の標準偏差などを用いて求められる．ただし，それぞれの変数について，データが正規分布しているということが前提になっている．そのため，正規分布していないデータでは，正確な判断ができない場合もある．

　たとえば図 10.3 の A のように外れ値があった場合，平均値は外れ値に引っ張

図 10.3　外れ値がある場合（A）と，その外れ値を除外した場合（B）の例

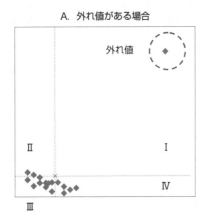

A. 外れ値がある場合

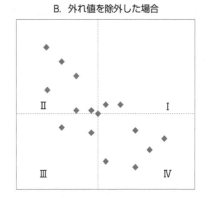

B. 外れ値を除外した場合

図 10.4　指数関数的に分布するデータの例
A：変数 y（縦軸）は変数 x（横軸）の指数関数のような関係がある．B：変数 y（縦軸）の分布をヒストグラムにしてみると，分布は小さいほうに偏っている．

られる．そのため，平均値に基づいて散布図を 4 つの象限に分けると，第 I 象限と第 III 象限に多くのデータが入るので，正の相関があると判断される．しかし，この外れ値を除外して，残りのデータの平均値で象限を区切り直すと，データの多くは第 II 象限か第 IV 象限に入る（図 10.3B）．したがって，逆に負の相関があると判断される．

　このように，ピアソンの相関係数には，外れ値の影響を大きく受けてしまうという特徴がある．散布図を描いて外れ値の有無を確認することが重要である．

　また，ピアソンの相関係数は，x，y それぞれの変数が正規分布している場合に，両者が直線関係にあるかどうかを判断するものなので，データの分布が偏っていたり，直線関係ではなかったりする場合には，正確な判断ができない．

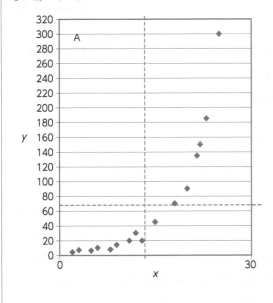

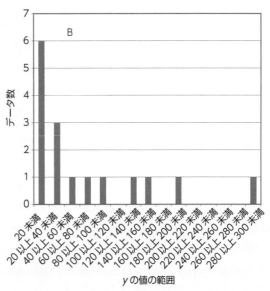

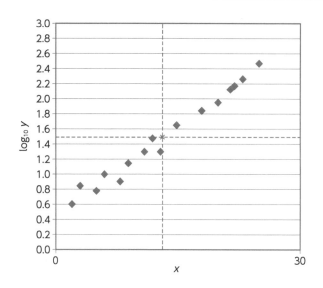

図 10.5　図 10.4 の
データの変数 y を対
数変換したもの

　たとえば，図 10.4A のように，変数 x と y の関係が直線というよりも指数関
数に近い場合には，ピアソンの相関係数を用いて評価するのは不適切である．こ
のデータには，x が大きければ y が大きいという傾向はあるが，変数 y について
正規分布が仮定できない．そのことは，図 10.4B のように変数 y についてのヒ
ストグラムをつくるとわかる（40 未満の領域に多くのデータが集中していて，正規分布に
従っていない）．

　このような場合には，5.5 節で紹介したように，データを対数変換するとよ
い．変数 y を対数（$\log_{10}$）変換してみると，図 10.5 のようにデータの偏りも少な
くなり，直線関係がよくわかるようになる．

　数値を統計ソフトに入力すれば，ピアソンの相関係数は簡単に計算されてしま
うが，その前に散布図を描いて分布を確認することが重要である．なぜなら，ピ
アソンの相関係数は，各変数が正規分布に従うことを前提に計算されるものだか
らだ．そして，あくまでも 2 変数の直線関係の程度を評価するものである．計
算する前に，手元のデータを評価する指標として適切かを考えるようにしよう．

10.2 ピアソンの相関係数の評価方法

A. 相関係数の大きさによる評価

　ピアソンの相関係数 r は，2 つの変数の相関の程度を -1 から $+1$ の範囲で表
す係数である．r が負の値をとるとき，散布図をそれぞれの変数の平均値で区分

表 10.1　一般的な相関関係の評価

相関係数の絶対値	評価
0.0 ～ 0.2	ほとんど相関関係がない
0.2 ～ 0.4	弱い相関関係がある
0.4 ～ 0.7	相関関係がある
0.7 ～ 1.0	強い相関関係がある

したときに，第Ⅱ象限と第Ⅳ象限に多くのデータがある(負の相関関係がある)ことを示す．逆に正の値のとき，第Ⅰ象限と第Ⅲ象限に多くのデータがある(正の相関関係がある)ことを示している．$r = 0$ の場合は，相関関係はないことになる．

相関係数は絶対値が 0 であれば相関がなく，絶対値が大きく(1 に近く)なるほど，相関の程度も強くなるという性質をもっている．相関の程度は，一般的に表10.1 のように評価される．

ただ，変数間の関連性は相関係数の大きさだけでなく，その意味を考えて評価しなければならない．たとえばある集団で，右足と左足の大きさのデータをとったところ，相関係数 0.90 で正の相関が観察されたとしよう．これは「強い相関関係がある」のではなく，何かがおかしい．普通，人間の右足と左足の大きさは同じなので，ほとんど 1 といえるような相関係数が得られるはずである．

これに対して，ある集団で習慣的な亜鉛の摂取量と 1 日の歩数のあいだに相関係数 0.22 で正の相関が観察された場合はどう考えるべきだろう．この場合，相関係数の評価は「弱い相関関係」であるが，相関係数だけでなく亜鉛の摂取量自体のデータにも注目したほうがよいだろう．たとえば，亜鉛不足の兆候を捉えている可能性がある．そうだとすれば，非常に重要な知見を含んだデータといえる．

このように相関関係の価値(重要性)は，相関係数の大きさだけでなく，その意味を考慮して評価しなければならない．

B.　相関係数の有意性

図 10.6 に示すように，2 つの変数の直線的関係の強さは，相関係数(の絶対値)の大きさによって評価される．ただし，相関係数だけに注目すると，2 変数の関係を見誤る可能性がある．図 10.7 の 2 つ散布図を見てほしい．これらは，相関係数は互いに等しいが，点の数が異なる．A と B はどちらも，小数点第 3 位を四捨五入するとピアソンの相関係数は 0.98 であり，強い正の相関があると評価される．しかし，これら 2 つの散布図の相関関係は，同等に確からしいとはいえないだろう．当然，点の数が多い B のほうが，より確かな相関を示しているように見える．

このように相関係数 r は同じでも，その確からしさには違いがある．

標本平均値のときのように標本のピアソンの相関係数 r の分布を考える．相関

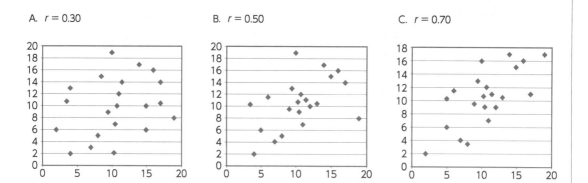

A. $r = 0.30$　　　B. $r = 0.50$　　　C. $r = 0.70$

図 10.6　相関係数の異なる散布図の例
いずれも 21 個のデータからなるが，相関係数 r の値が異なる．A は $r = 0.30$，B は $r = 0.50$，C は $r = 0.70$

係数 r は正規分布はしないが，正規分布するフィッシャーの z※と呼ばれる量に変換できるという性質をもっている．この性質を利用して，相関係数 r の P 値を求めることができる．

　図 10.7 の例では，小数点第 3 位を四捨五入すると P 値は，A は $P = 0.02$ であるが，B は $P = 0.00$ である．このように，相関関係の強さは相関係数 r で判断されるが，その確からしさは P 値によって評価される．また，P 値を利用して，相関係数 r の信頼区間を求めたり，有意性を検定することができる．そのため，相関関係を表すときには，たとえば図 10.7 の A の例であれば，$r = 0.98$，$P = 0.02$ のように，相関係数 r と P 値を小数点以下 2 桁まで示すのが普通である．

　ただ，一般的に標本サイズが大きくなると，相関係数 r の絶対値が小さくても（さして相関が強くなくても），P 値が小さくなり統計的に有意になるという性質があるので P 値だけでなく相関係数 r とあわせて総合的に判断する必要がある．

※フィッシャーの z は，5.2.A 項で紹介した標準得点（z 値）とは別の統計量である．

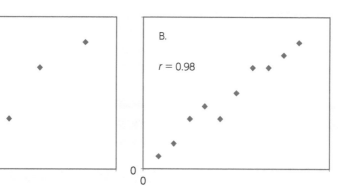

A.　$r = 0.98$

B.　$r = 0.98$

図 10.7　相関係数の等しい散布図の例
いずれも相関係数 r の値は 0.98 で等しいが，データの数が異なる．そのため相関係数 r の P 値が異なる．A は $P = 0.02$，B は $P < 0.00$

10.3 | スピアマンの順位相関係数

　ピアソンの相関係数 r は，対象となる 2 変数が正規分布していることを前提としていた．

　これに対して，ノンパラメトリックなデータについて利用できるのが，**スピアマンの順位相関係数 r_s** である．スピアマンの順位相関係数は，それぞれの変数の大きさではなく順位を使って計算されるので，変数の分布は問題にならない．したがって，ノンパラメトリックなデータはもちろんであるが，正規分布していなかったり，外れ値があるような場合にも適用可能である．

　スピアマンの順位相関係数は，順位に変換（同一順位がある場合は，中間順位を用いる）したデータを使って，ピアソンの相関係数を求めた値である．相関係数の大きさについてもピアソンの相関係数と同様に，表 10.1 に従って評価する．

　そして，スピアマンの順位相関係数 r_s も，ピアソンの相関係数 r と同様に P 値や信頼区間が計算でき，検定もできる．

10.4 | 相関関係についての注意

A.　因果関係

　相関係数により A と B の間に相関関係があることが示された場合の解釈には，以下の 4 通りがある．

（1）偶然にそうなった※．
（2）A が B に影響を及ぼしている（A が B の原因である）．
（3）B が A に影響を及ぼしている（B が A の原因である）．
（4）A と B は，ほかの共通の要因から影響を受けている．

> ※ A と B の間に相関関係はないが，偶然に相関関係があるように見えるデータが得られた．

　ここで重要なのは，相関係数のみを根拠にして，（2）や（3）のように「A が B の原因である」とか，「B が A に影響を及ぼしている」（あるいはその逆）ということはできないことである．たとえば，各国の新生児死亡率と 1 世帯あたりのコンピューターの台数との関係を調べたら，負の相関関係が観察されたとする．だからといって，「新生児死亡率が下がると，（それが原因で）コンピューターを購入するようになる」ということや「1 世帯あたりのコンピューターの台数が増える

重要度	項目	内容
1	関連性の強さ (Strength)	最も重要なのは関連性の強さである．関連性が弱いからといって，因果関係がないとはいえないが，関連性が強ければ，それだけ因果関係がある可能性は高い．
2	一貫性 (Consistency)	2番目に重要なのは一貫性である．たとえば，違った人が，違った場所で，違った試料を用いた場合でも，繰り返し同じ結果が観察されたのなら，因果関係がある可能性は高い．
3	特異性 (Specificity)	ある要因と結果の関係の特異性が強ければ，それだけ両者の間に因果関係のある可能性は高い．特異性が強いとは，たとえば，特定の集団が特定の場所で特定の病気にかかった理由を，ある要因以外に説明ができそうもないといった状況をいう．その要因と結果の関係が特異的であるほど，因果関係がある可能性は高い．
4	時間的関係 (Temporality)	結果は原因よりも後に起こる．そして，もし原因と結果のあいだに一定の期間が空くと期待されるのなら，結果はその期間の経過後に起こらなければならない．
5	生物学的勾配 (Biological gradient)	原因と結果に用量反応関係があれば，因果関係がある可能性は高い．原因への曝露が大きければ，その結果も大きくなる．しかし，ほんの少しの要因がある結果を引き起こす場合もある．また，曝露が大きいほど，結果が少ないという逆の関係が観察されることもある．
6	妥当性 (Plausibility)	原因と結果の間に生物学的にもっともらしいメカニズムがあれば，因果関係を判断するのに有用である．しかし，その時代の生物学的知識に左右されるので，限界がある．
7	首尾一貫性 (Coherence)	疫学的な結果と実験室レベルの結果が一致していれば，因果関係がある可能性は高い．ただし，実験室レベルのエビデンスがなくても，疫学的な効果が否定されるわけではない．
8	実験 (Experiment)	ときには，実験的なエビデンスをもとに因果関係を主張してもよい．
9	類似性 (Analogy)	観察された因果関係と他の知られた因果関係との類似を用いて考えてもよい．

表 10.2　因果関係に関する「ヒルの基準」

と，（それが原因で）新生児が死ににくくなる」という結論を導き出すことはできない．

　原因と結果の関係（因果関係）を考えるときには，背景についての知識が必要で，それを踏まえたうえで総合的に判断しなければならない．

　因果関係の有無を判断する際には，表 10.2 に示す**ヒルの基準**がよく使われる．これはもともと，喫煙と肺がんの関係を研究していた英国の疫学者ブラッドフォード・ヒル（1897 ～ 1991）が，因果関係を立証するために用いた判断の基準である※．

B.　混合標本

　性質の異なるいくつかの集団から成り立つ標本（混合標本という）について，相関関係を調べる場合にも注意が必要だ．たとえば，ある学級で体重と握力の関係を調べたら，図 10.8A のような結果が得られたとする．単純に描いた散布図 A では，正の相関がありそうにみえたが，男女に分けて描いてみると図 B のように

※ヒル（Hill）の基準の原典は Hill AB, The Environment and Disease：Association or Causation? Proc. Royal Soc. Med. 58(5)：295-300 (1965). である．表10.2 には原典に挙げられている9つの基準をまとめた．

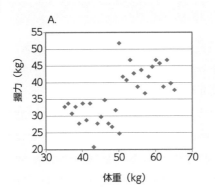

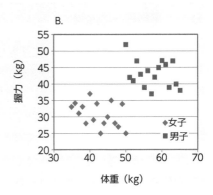

図 10.8　仮想の集団の握力と体重の例

なった．これは正の相関どころか，逆に負の相関がありそうにみえる．

　もちろん，図 10.8 はまったくの仮想の例であるが，このように，ある属性に従って分けて（層別に）解析をした場合に，それまでとは違った面がみえることもある．

C.　初期値からの変化量

　ある変数の時間的な変化や，ある処理の効果を調べるために相関を用いる場合，はじめの値（初期値）は常に変化量に影響を与えるので注意が必要である．たとえば，はじめの値を x，変化後の値を y とし，両者のあいだにまったく相関のない標本（図 10.9A）を考えてみる．

　ここで，初期値からの変化 $x - y$ を初期値 x に対してプロットしてみると，図 10.9B のようになり，x と $x - y$ のあいだに正の相関関係があることがわかる．このように，どのような 2 変数 x, y であっても，x は必ず $x - y$ に相関するという性質がある．変化量が初期値の影響を受けることの問題の例を，次項で紹介する．

図 10.9　まったく相関のない標本の例

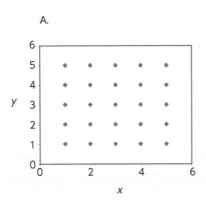

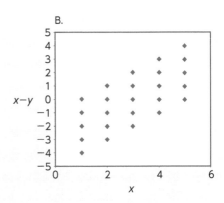

D.　平均値への回帰

　初期値からの変化量に関連して注意が必要なことに，平均値への回帰がある.

　ある処理の「前」と「後」の値を比較する場合を考えてみる. 表 10.3 は仮想のデータである. 「前」の列にも「後」の列にも，ランダム関数を使ってまったく無作為に作った 1 ～ 9 までの数字を入れた. 初期値からの変化量は必ず初期値と相関するので，このように無作為に作ったデータでも，「後－前」(縦軸)を「前」(横軸)の値に対してプロットすると，図 10.10 のように負の相関が観察される. 前項では，「$x - y$」をプロットしたが，ここでは「前－後」ではなく「後－前」をプロットしたので，負の相関関係が観察されている.

　表 10.3 の「前」と「後」はそもそも，1 ～ 9 までの数字をランダムに埋めただけなので，平均値には差はない(対応のある t 検定：$P = 0.55$).

　しかし，このデータを図 10.11 のようなグラフにしたらどうだろう.

　全体でみれば，平均値には差はない(図 10.11A)が，「前」の値が平均値より小さいもの(B)と大きいもの(C)に分けて描いてみると，B では上昇傾向が，そして C では低下傾向が認められる. このグラフから，この処理は，「前」が低値のときは上昇させ，「前」が高値のときは低下させるという収斂効果があるといえるだろうか.

　もちろん，表 10.3 のデータはランダム関数を使って作った仮想のデータなので，そのような収斂効果は存在しない. このように，初期値は，初期値からの変化量に必ず影響を与えるので，変化の前と後のデータを比較する際には注意が必要である. ある変化の前後を比較したときに，全体としては平均値に差がなくて

対象	前	後	後－前
A	9	7	−2
B	1	3	2
C	7	4	−3
D	6	4	−2
E	2	8	6
F	7	6	−1
G	7	9	2
H	5	2	−3
I	1	8	7
J	9	1	−8
平均値	5.4	5.2	−0.2
標準偏差	3.1	2.8	4.5
標準誤差	1.0	0.9	1.4

表 10.3　ランダム関数を使って作った仮想のデータ

　　　　10.　2 つの変数の相関

図 10.10　表 10.3 の
データから，「前」に
対して「後－前」をプ
ロットしたもの

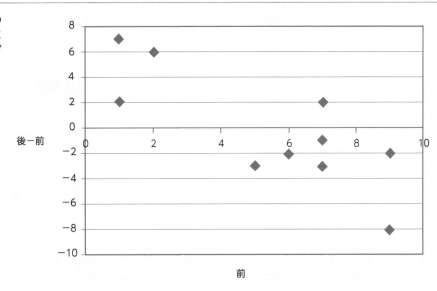

図 10.11　表 10.3 の
データから，処置の
「前」と「後」について
平均値±標準誤差をグ
ラフにしたもの
A.　全体，B.「前」の
値が平均値未満のも
の，C.「前」の値が平
均値より大きいもの

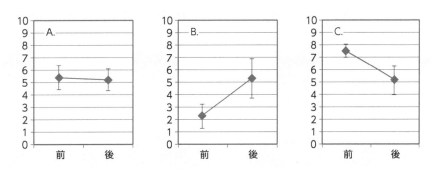

も，初期値が高値であれば低くなり，低値であれば高くなるという擬似的な収斂
が生じる．このような性質を，**平均値への回帰**という．前後比較を行う場合に
は，平均値への回帰に注意されたい.

第10章　演習問題

【1】　図10.3のもとになったデータを講談社サイエンティフィクのWebページからダウンロードして，下記の分析をしてみよう．

  a. 外れ値を除外しない場合と除外した場合それぞれについて，Excelの分析ツール「相関」を使ってスピアマンの相関係数を求めよう．

  b. 外れ値を除外しない場合と除外した場合それぞれについて，ExcelのCORREL関数を使ってスピアマンの相関係数を求めよう．得られた結果をaの結果と比べてみよう．

  c. aとbで得られた結果からどんなことがわかるだろうか．

【2】　4人の被験者(ID：A～D)に3段階のINPUTを与えたときに得られたOUTPUTのデータがある(講談社サイエンティフィクのWebページからダウンロードしよう)．このデータに下記の分析をしてみよう．

  a. 被験者を区別せずにINPUTとOUTPUTの関係を散布図に描いてみよう．

  b. aの散布図をもとに，Excelの分析ツール「相関」を使ってINPUTとOUTPUTの相関係数を求めてみよう．

  c. 被験者を区別してINPUTとOUTPUTの関係を散布図に描いてみよう．

  d. Excelの分析ツール「相関」を使って，被験者ごとにINPUTとOUTPUTの相関係数を求めてみよう．

  e. a～dの結果からどんなことがわかるだろうか．

  f. 被験者ごとに計算したINPUTとOUTPUTの平均値を散布図に描き込み，相関係数を調べてみよう．

  g. a～fの結果からどんなことがわかるだろうか．

11. 2つの変数の回帰分析

チャールズ・エドワード・スピアマン（1863〜1945）
イギリスの心理学者．実験心理学に統計的手法
を導入し，人間の知能モデルに関する先駆的な
研究を行った．統計学でも，スピアマンの順位
相関係数を開発した．

　10章では，あるデータに2つの変数があった場合に，それらの関連を相関係数として評価する方法を学んだ．本章では，片方の変数の値から，もう片方の変数の値を予測する回帰分析という方法について学ぶ．

11.1 回帰直線

A. 目的変数と説明変数

　いま，水溶液のタンパク質濃度を定量するために，標準液として濃度のわかっている牛血清アルブミン（BSA）溶液を使って測定を行い，検量線用のデータとして表11.1を得たとする．

　この場合，もちろんBSA溶液の濃度と吸光度は直線関係にあり，相関関係が認められる．ただし，知りたいのはBSA濃度と吸光度の関係ではなく，吸光度からBSA溶液の濃度を予測するための2変数（BSA濃度と吸光度）の関係である．このような場合に使われるのが，**回帰分析**といわれる手法である．

　回帰分析とは，2変数の関係を $y = f(x)$ という式に当てはめることをいう．こ

表11.1 タンパク質定量の検量線用のデータ
（実際には，これほど散らばることはない）

BSA(mg/mL)	吸光度	BSA(mg/mL)	吸光度
0.125	0.020	0.75	0.500
0.125	0.100	1.00	0.550
0.25	0.125	1.00	0.600
0.25	0.200	1.25	0.800
0.50	0.300	1.25	0.750
0.50	0.350	1.50	1.000
0.75	0.400	1.50	0.900

のとき，予測したい変数 y を**目的変数**あるいは**従属変数**といい，予測に用いる
変数 x を**説明変数**あるいは**独立変数**という．回帰分析の中でも，2 変数の関係を
$y = ax + b$(a と b は定数)という直線関係に当てはめることを**単回帰分析**とい
う．表 11.1 の例では，吸光度から BSA 濃度を予測するのが目的であるから，
吸光度が説明変数(独立変数)で，BSA 濃度が目的変数(従属変数)ということにな
る．回帰分析によって求めた直線を**回帰直線**という．

B. 回帰直線

　回帰直線を求めるには，まず，説明変数が横軸(x 軸)，目的変数が縦軸(y 軸)に
なるようにデータをプロットする(図 11.1A)．そして，プロットされた点に当て
はめた直線を引く．ただし，直線が 1 本に決まるように，引き方には次のルー
ルが定められている．ルールの基準となるのは**偏差**あるいは**残差**と呼ばれる量
で，これは，各点と直線の y 軸方向の距離(つまり，各点の x 座標における直線とその
点の y 座標の差)である(図 11.1B の*)．すべての点について偏差が生じるが，それ
らを 2 乗したものの合計が一番小さくなる直線が回帰直線となる．

　偏差は，観測点が直線より上にあれば正，下にあれば負になる．すべての観測
点の偏差を単純に合計すると，正負が相殺されてしまい，直線と各点との隔たり
が評価できない．そこで，偏差を 2 乗して合計したもの(偏差平方和)が，当ては
めて描いた直線とプロットされたデータとの隔たりの程度を表す指標になる．

　そして，この偏差平方和が最小になる直線 $y = ax + b$ の a と b を求める．
この方法を**最小二乗法**という．

　回帰直線は下記のように得られる．

　　目的変数 y ＝ 回帰係数 a × 説明変数 x ＋ 定数項 b

この回帰直線で，**回帰係数**は直線の傾きであり，**定数項**はこの回帰直線が縦軸

**図 11.1　表 11.1 の
データをプロットし
たもの(A)と，プ
ロットした点に当て
はめて直線を描いた
もの(B)**

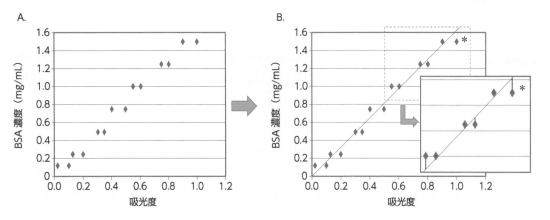

11.　2 つの変数の回帰分析

と交わる点(y切片)を表している.

回帰分析は, 説明変数が1つだけでなく, いくつかある場合にも適用することができる. 12章で詳しく紹介するが, 説明変数が複数ある場合を重回帰分析という.

C. 回帰直線についての注意

図11.1を使って説明したように, 回帰直線は, プロットに当てはめた直線と目的変数との(y軸方向の)差の平方和が最小になるように求められる. このとき, 回帰直線は説明変数 x を用いて目的変数 y を推定するのに, 一番よく合うような直線なのであって, その逆ではない.

つまり, 得られた回帰直線 $y = ax + b$ を変形して $x = y/a - b/a$ としても, y から x を予測する直線としては適していない. つまり, 目的変数と説明変数を入れ替えて得られる回帰直線とは一致しない.

目的変数と説明変数を間違えて回帰直線を求めてしまった場合は, その式を変換するのではなく, 改めて回帰分析をやりなおして, 正しい回帰直線を得なければならない.

11.2 │ 回帰分析の結果の見方

表11.1のデータを, 吸光度を説明変数, BSA濃度を目的変数として回帰分析を行うと, 表11.2のような分散分析表が得られる. この結果の意味を以下で解釈してみよう.

表11.2 表11.1の
データを回帰分析した
結果

A. 単回帰

データ数	14
相関係数 r	0.9897
決定係数 r^2	0.9795
y評価値の標準誤差	0.0734

B. 分散分析表

要因	偏差平方和	自由度	平均平方	F値	P値
回帰変動	3.087	1	3.087	572.3	1.71×10^{-11}
残差変動	0.065	12	0.005		
全変動	3.152	13			

C. 回帰係数

	回帰係数	標準誤差	t値	P値
定数項	0.030	0.037	0.809	0.435
吸光度	1.567	0.066	23.924	1.71×10^{-11}

A. 統計的有意性

表 11.1 のデータについて回帰分析した結果を表 11.2 に示す．表 11.2B の各値の意味を表 11.3 に整理する．

分散分析表では，データの変動 S_T を 2 つの変動に分けている．すなわち，回帰直線によって説明される**回帰変動** S_R（S_R の R は回帰を意味する英単語 "regression" に由来）と，それ以外の残差（誤差）の変動 S_E である．偏差平方和では $S_T = S_R + S_E$ であり，偏差平方和を自由度で割った平均平方が回帰と残差それぞれの分散に相当し，回帰の平均平方 V_R を残差の平均平方 V_E で割った分散比が F 値である．

いま，回帰直線がデータによく当てはまっているとすると，回帰変動のほうが残差変動より大きくなるので，分散比は 1 よりも大きくなる．逆に，データの分布が回帰直線ではよく説明できない場合には，回帰変動も，それ以外の残差変動と大差ないので，分散比は 1 に近くなる．

F 値からは回帰直線の確からしさ（P 値）を求めることができ，P 値によって検定を行うことができる．通常は有意水準を 0.05 とするので，$P < 0.05$ であれば統計的に有意である．表 11.2B の分散分析表では，P 値は 1.71×10^{-11}（0.0000000000171）と 0.05 よりはるかに小さいので，回帰分析は統計的に有意となる．

表 11.3　回帰分析で得られる分散分析表

要因	偏差平方和	自由度	平均平方	F 値	P 値
回帰変動	S_R	$df_R = 1$	$V_R = \dfrac{S_R}{df_R}$	$\dfrac{V_R}{V_E}$	P
残差変動	S_E	$df_E = n_T - 2$	$V_E = \dfrac{S_E}{df_E}$		
全変動	S_T	$df_T = n_T - 1$			

B. 回帰直線の決定係数（寄与率）

単回帰の表（表 11.2A）には**決定係数** r^2（ピアソンの相関係数 r の 2 乗）が出力されている．決定係数（寄与率）は，回帰直線（回帰式）によって求められる目的変数の予測値が，実際の値とどのくらい一致しているか（説明変数が目的変数をどのくらい説明しているか）を表す指標である．

なぜ，ここでピアソンの相関係数 r が出てくるのだろうか．実は，分散分析表におけるデータの全変動（S_T）に対する回帰変動（S_R）の割合（S_R/S_T）が，ピアソンの相関係数 r の 2 乗と一致するのである．したがって，ここに出力されている決定係数は，相関係数から求めたものというよりは，表 11.2B の分散分析表から求めたものである．

C. 回帰係数

回帰係数(表11.2C)が回帰直線の傾きである．つまり回帰直線は次のように書ける．

目的変数 $y = 1.567 \times$ 説明変数 $x + 0.030$ … 式(11.1)

ただし，目的変数 y は BSA 濃度で，説明変数 x は吸光度

表 11.2C の「P 値」の列には，それぞれの係数の P 値が記されている．吸光度についての P 値は $P = 1.71 \times 10^{-11}$ と 0.05 よりはるかに小さいので，統計的に有意である．一方，定数項の P 値は $P = 0.435$ で有意水準(0.05)より大きい．これは，説明変数(吸光度)の係数は統計的に有意にゼロではないが，定数項についてはゼロである(95%信頼区間の中にゼロがある)かもしれないということを示している．

回帰分析の統計的有意性は分散分析表(表11.2B)の P 値で示されているので，ここで定数項の P 値がいくつであっても，統計的な有意性には影響はない．

第 11 章　演習問題

【1】　表 11.1 のデータについて下記の分析をしよう．

　　　a. 横軸 x を吸光度，縦軸 y を BSA 濃度(以下，BSA とする)として Excel で散布図を描き，「近似曲線の追加」機能を使って近似直線を引こう．グラフに近似直線を表す数式と r^2 値を表示しよう．さらに，r^2 値から相関係数を計算しよう．

　　　b. Excel の分析ツール「回帰分析」を使い，BSA を y，吸光度を x として回帰分析を行おう．得られた結果を a で求めた近似直線と比べてみよう．

　　　c. Excel の分析ツール「回帰分析」を使い，吸光度を y，BSA を x として回帰分析を行う．

　　　d. 吸光度が 0.250 のときの BSA を b，c で得られた回帰式から求めてみよう．どんなことがわかるだろうか．

【2】　講談社サイエンティフィクの Web ページからデータをダウンロードして，下記の分析をしてみよう．

　　　a. 横軸 x を INPUT，縦軸 y を OUTPUT として Excel で散布図を描き，「近似曲線の追加」を使って近似直線を引こう．グラフに近似曲

線を表す数式と r^2 値を表示しよう．さらに，r^2 値から相関係数を計算しよう．

b. Excel の分析ツール「回帰分析」を使い，OUTPUT を y，INPUT を x として回帰分析を行おう．

c. b で得られた回帰直線を a で求めた近似直線と比べてみよう．

d. b の回帰分析で得られた回帰直線の定数項（切片）の P 値は 0.05 未満である．一方，問題【1】の b で得られた回帰直線の定数項の P 値は 0.05 以上であった．また，【2】b で得られた回帰直線の予測変数（INPUT）の P 値は 0.05 以上であったが，【1】b で得られた回帰直線の予測定数（吸光度）の P 値は 0.05 未満であった．それぞれどのように評価したらよいだろうか．

12. 多変数の関係

ミルトン・フリードマン（1912〜2006）
アメリカの経済学者．20世紀後半，世界でもっとも大きな影響力をもっていたとされる．ノーベル経済学賞受賞．フリードマン検定を開発した．

10章（2変数の相関），11章（回帰）で2変数の関係を調べる方法を学んだ．ここでは3つ以上の変数（多変数または多変量）の関係を調べる方法を学ぶ．

12.1 対応のある多群間の平均値の比較

9章で，3つ以上の群の平均値の比較を学んだが，群間に対応のある場合については触れていなかった．それは，対応のある3群以上の平均値の比較には，多変数の関係を調べるという意味があったからである．本章では，まず最初にこのテーマに取り組む．

2つの要因によって分類されるデータを**二元配置のデータ**という．二元配置のデータのうち，2要因の組み合わせごとにデータが1つの場合を**繰り返しのない二元配置**，組み合わせごとに複数のデータがある場合を**繰り返しのある二元配置**という．表12.1のデータは，データが1つずつなので，繰り返しのない二元配置である．二元配置のデータについて分散分析を行う際，この繰り返しの有無で方法が異なる．

A. 繰り返しのない二元配置分散分析

肥満の合併症で高血圧となることが多いが，その機序として，Na^+貯留による循環血漿量の増大が考えられている．そこで，糖尿病で高血圧となった患者（10人）に，利尿効果があるとされるお茶を摂取してもらい，1ヵ月おきに収縮期血圧を測ったところ，表12.1（図12.1）のような結果が得られたとする．

まず全体としての比較のため，分散分析を行ってみる．

摂取期間（摂取前，1ヵ月後，2ヵ月後，3ヵ月後）により差があるかどうかを知りたいので，9.2節と同様に一元配置分散分析を行うと，表12.2の分散分析表が得られた．P値が有意水準（0.05）未満であるので，統計的に有意に摂取期間により

患者	摂取前	1ヵ月後	2ヵ月後	3ヵ月後
A	153	148	141	132
B	147	141	144	142
C	150	151	144	138
D	148	137	121	122
E	136	135	127	131
F	146	147	134	136
G	139	128	135	137
H	145	131	126	138
I	140	142	128	127
J	159	155	149	146
平均値	146.3	141.5	134.9	134.9
標準偏差	6.9	8.8	9.3	7.1
標準誤差	2.2	2.8	3	2.2

表12.1 糖尿病で高血圧となった患者(10人：A～J)の収縮期血圧
(単位：mmHg)

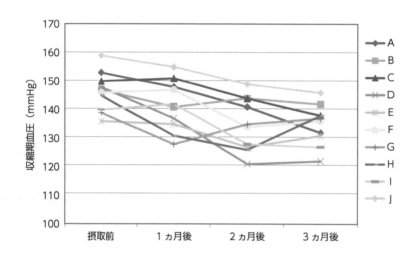

図12.1 表12.1のデータをグラフにしたもの

変動要因	偏差平方和	自由度	平均平方	F値	P値
群間変動	925.2	3	308.4	4.70	0.00716
残差変動	2360.4	36	65.6		
全変動	3285.6	39			

表12.2 分散分析表
表12.1を一元配置分散分析

平均値に差があることがわかった.

　しかし,表12.1のデータを一元配置分散分析で解析するのは適当ではない.というのは,このデータは10人の同じ患者の収縮期血圧の推移を観察したものなので,群間でデータに対応がある.つまりこのデータは,摂取期間(摂取前,1ヵ月後,2ヵ月後,3ヵ月後)と,患者(A～J)の2つの要因によって分類できる.

　解析してみると,表12.3のような分散分析表が得られる.

12. 多変数の関係

表 12.3　分散分析表
表 12.1 を二元配置分散分析

変動要因	偏差平方和	自由度	平均平方	F 値	P 値
行間変動	1657.1	9	184.1	7.07	3.39×10^{-5}
列間変動	925.2	3	308.4	11.84	3.93×10^{-5}
残差変動	703.3	27	26		
全変動	3285.6	39			

表 12.4　二元配置分散分析で得られる分散分析表

要因	平方和	自由度	平均平方	F 値	P 値
行間変動	S_A	$df_A = a - 1$	$V_A = \dfrac{S_A}{df_A}$	$\dfrac{V_A}{V_E}$	P_A
列間変動	S_B	$df_B = b - 1$	$V_B = \dfrac{S_B}{df_B}$	$\dfrac{V_B}{V_E}$	P_B
残差変動	S_E	$df_E = df_A \times df_B$	$V_E = \dfrac{S_E}{df_E}$		
全変動	S_T	$df_T = n_T - 1$			

　一元配置の分散分析で得られた分散分析表(表 12.2)では，全変動が群間変動と残差変動に分けられていたが，二元配置の分散分析では，全変動は**行間変動，列間変動**，残差変動の 3 つに分けられている．9 章の一元配置分散分析表(表 9.5)のように，それぞれの意味を整理すると，表 12.4 のようになる．

　表 12.3 は，a 行 $\times b$ 列の対応のある二元配置のデータに対して二元配置の分散分析を行ったときに得られる分散分析表である．一元配置の場合と同様に，すべての標本を標本サイズが n_T の 1 つの集団としてみて，各値と全体の平均値との差の 2 乗を合計したのが表 12.4 の全変動の平均平方和 S_T であり，これが全体の散らばり具合(変動)を表している．この散らばり具合(変動)を，行間変動と列間変動と残差変動の 3 つに分けたのがその上の 3 行で，$S_T = S_A + S_B + S_E$ が成り立っている．添え字はそれぞれ，T は total(全体)，E は error(誤差＝残差)，A は行，B は列を表す．

　二元配置分散分析を行うことにより，全体の変動を行間，列間，それ以外の 3 つに分け，行，列それぞれの分散比(F 値)を他の要因の影響を除外して検定することができる．

　表 12.3 の分散分析表でいえば，列間変動は摂取期間(摂取前，1 ヵ月後，2 ヵ月後，3 ヵ月後)による変動であり，行間変動は患者(A～J)の間の変動である．そして，F 値によって検定される帰無仮説は，行間は「すべての患者の収縮期血圧の平均値は等しい」，列間は「収縮期血圧の平均値は投与期間にかかわらず等しい」である．いま興味があるのは摂取期間(列間変動)である※．その P 値は 3.93×10^{-5} と有意水準より小さいので，帰無仮説は棄却される．よって，全患者の収縮期血圧の平均値には，摂取期間の違いに応じて統計的に有意な差がある，と結論できる．

　二元配置分散分析表(表 12.3)の列間の P 値を，一元配置の分散分析表(表 12.2)

※表 12.3 では，患者間(行間)にも統計的な差があるが，この場合は患者間の差には興味がないので，統計的に差があろうとなかろうと気にしなくてもよい．

の P 値と比較してみよう． P 値は表 12.3 のほうがはるかに小さいので，二元配置分散分析のほうが，摂取期間の影響をより明確に検出できていることがわかる．これは，一元配置分散分析では，同一患者の値である（対応がある）という情報を活かせないためである．より具体的には，分散を摂取期間の変動（列間変動）とそれ以外の残差変動の 2 つに分けるため，個人差による行間変動が残差変動に含まれてしまう．その分 F 値が小さくなり，差を検出しにくくなるというわけだ．

また，どの群とどの群の平均値に違いがあるかを知りたい場合には，二元配置のデータの場合も，9 章で紹介した多重比較の検定方法が使えるので，対応があるデータとして解析を行えばよい．

B.　繰り返しのある二元配置分散分析

二元配置のデータでも繰り返しがある場合については，注意が必要である．

たとえば，A，B，C の 3 人の学生に食事指導を行い，その前後のウィークデーの朝食を 5 日分ずつ調べ，表 12.5 のようなデータが得られたとする．このデータは，食事指導の前後（列）と被験者（行）の 2 つの要因によって分類されているので，二元配置のデータである．A，B，C の被験者それぞれが，食事指導前と後に 5 つずつのデータをもっている．このように同じ分類（この場合は，たとえば被験者 A の食事指導前）に属するデータが複数（この場合は 5 つ）あるデータを「繰り返しのある二元配置のデータ」という．

表 12.5 の例で，朝食のエネルギー摂取量が食事指導によって変化したかを調べる場合，繰り返しのある二元配置分散分析（反復測定分散分析）を行う．その結果，表 12.6 の分散分析表が得られる．ここで，行間変動（被験者間の変動），列間変動（食事指導前後の変動），残差変動のほかに，交互作用という行があることに注

表 12.5　食事指導前後のウィークデーの朝食のエネルギー摂取量（kcal）

被験者	食事指導前	食事指導後
A	105	107
	238	104
	120	111
	98	0
	255	235
B	225	336
	465	465
	332	342
	274	401
	255	389
C	1010	560
	980	549
	880	462
	1214	601
	654	483

表 12.6　分散分析表
表 12.5 のデータについて繰り返しのある二元配置分散分析

変動要因	偏差平方和	自由度	平均平方	F 値	P 値
行間変動	1865900	2	932950	80.53	2.27×10^{-11}
列間変動	128053	1	128053	11.05	2.837×10^{-3}
交互作用	327136	2	163568	14.12	8.85×10^{-5}
残差変動	278065	24	11586		
全変動	2599155	29			

目してほしい.

　二元配置分散分析では，データは 2 つの要因によって分類されているが，この 2 つの要因がお互いに影響を及ぼし合っている可能性もある．異なる要因どうしの相互作用に現れる効果を**交互作用**という．繰り返しのある二元配置のデータでは，交互作用についても調べることができる．ただし，2 つの要因が影響を及ぼし合っていると(交互作用があると)，単純に一方の要因の効果(**主効果**)を比較できなくなってしまう.

　表 12.6 の分散分析表では，交互作用の P 値は 8.85×10^{-5} と有意水準(0.05)よりはるかに小さく，交互作用があると検定されている．実際，被験者 A，B，C について食事指導前後の朝食のエネルギー摂取量をグラフ化すると(図 12.2)，A はほとんど変化なく，B は増加し，C は減少している．つまり，被験者によって食事指導の効果に違いがある．このような場合には，食事指導の前後で朝食のエネルギー摂取量が同じかどうかを，単純には解釈できない.

　繰り返しのある二元配置の分散分析では，以下の 3 つの帰無仮説を検定している.

図 12.2　食事指導前後の朝食のエネルギー摂取量(kcal)
シンボルは平均値，エラーバーは標準偏差

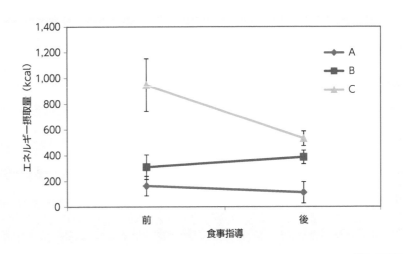

帰無仮説① 「行と列の要因のあいだには，交互作用がない」

帰無仮説② 「行間の平均値には差がない」

帰無仮説③ 「列間の平均値には差がない」 } 主効果

　そして，帰無仮説① 「行と列の要因のあいだには，交互作用がない」 が棄却された(有意であった)場合には，列と行の平均値は，それぞれ他方の要因の影響を受けるので，主効果(帰無仮説②，③)については解釈できないことになる．したがって表 12.5 のデータからは，食事指導の前後で朝食のエネルギー摂取量(列間)に差があったかどうかや，被験者のエネルギー摂取量(行間)に差があったかどうかは判断ができない．

　交互作用がない場合には，主効果(行間，列間の平均値に差があるかどうか)は，分散分析表の P 値から検定できる．

12.2 | 重回帰

　前節では 2 つの変数(ここでは要因)で分類されるデータの平均値の比較について説明した．しかし，観察研究から得られるデータは通常，もっと多くの要因で分類されている．たとえば，健康診断では，性別，身長，体重，視力，聴力などさまざまな項目(要因)が測定されるので，得られるデータは測定した項目や被験者といった多数の要因で分類されている．このように多数の変数から構成されたデータの解析を**多変量解析**という．本節では多変量解析の中でも，栄養学分野で使われることが多い重回帰について紹介する．

A.　重回帰式

　多くの要因(変数)で分類された標本について，変数間の関係を調べる目的には，以下のようなものがあるだろう．

①興味のある変数とは関係のなさそうな変数を取り除きたい

②興味のある変数と関係のある変数を知りたい

③興味のある変数の値をその他の変数の値から予測したい

　もちろん，上記のうちどれか 1 つだけが目的ということはなく，関係を調べる場合にはすべてが目的になっている場合もある．

　11 章では，2 変数のデータについて，片方の変数の値から，もう片方の変数の値を予測する回帰分析について学んだが，より多くの要因(変数)がある場合に

は，**重回帰**（または**多重線形回帰**）という方法が用いられる．この方法は，11 章で学んだ単回帰を，3 つ以上の変数について拡張したもので，目的変数（従属変数）を複数の説明変数で表現する．

この方法を用いた例に，臨床の現場で基礎エネルギー消費量（basal energy expenditure：BEE）を求めるときに用いられる**ハリス-ベネディクトの式**がある．

【ハリス-ベネディクトの式】
男性：$BEE = 66.5 + 13.75 \times W + 5.003 \times H - 6.775 \times A$
女性：$BEE = 655.1 + 9.563 \times W + 1.850 \times H - 4.676 \times A$
W：体重(kg)，H：身長(cm)，A：年齢(歳)

ハリス-ベネディクトの式は，男女それぞれの BEE を体重，身長，年齢から推定する**重回帰式**である．この式では，BEE が目的変数（従属変数）で，体重 W，身長 H，年齢 A の 3 つが説明変数（独立変数）である．男性の式を例にすると，66.5 は定数項であり，説明変数の係数（体重の 13.75 や身長の 5.003 など）はそれぞれの説明変数の回帰係数である．重回帰式の回帰係数を**偏回帰係数**という．偏回帰係数は，この重回帰式において，その説明変数が目的変数にどのような影響を与えるかを示す．ハリス-ベネディクトの式からは，下記のような関係が読み取れる．

① BEE は体重が大きいほうが大きい
② BEE は身長が高いほうが大きい
③ BEE は年齢が小さいほうが大きい

ただし，上記の関係は，この重回帰式の場合であって，説明変数が変わる（増えたり減ったりする）と，個々の説明変数と目的変数との関係は必ずしも同じにはならないので注意が必要である．

したがって重回帰式を求める場合には，どのような説明変数を用いた回帰式を作るかが重要になる．そして結果を報告する際には，最終的に得られた重回帰式だけでなく，分析に使ったすべての説明変数を詳細に記載する必要がある．

B.　変数の選択

どの変数が目的変数に影響を与えるのか（どの変数が説明変数か），事前に情報がない場合，どのように回帰式をつくればよいだろうか．たとえば，すべての変数を説明変数の候補として，最も影響の強そうなものから順に式に加えていく方法（**前進法**）がある．逆に，初めにすべての変数を説明変数として含む回帰式を作り，影響の小さいものから取り除いていく方法（**後退法**）もある．また，あらかじ

め目的変数に影響を及ぼすことがわかっている変数があれば，その変数を組み込んだうえで，その他の変数について前進法・後退法を行うこともできる．

C.　回帰式の評価

得られた回帰式が，どれくらいよくデータに適合しているかどうかは，単回帰の場合と同様に決定係数(寄与率)R^2 によって評価できる．決定係数は全体の変動のどれくらいが回帰式によって説明できるかを表す．

決定係数の平方根は**重相関係数 R** といわれる．R は回帰式で予測される目的変数と，実際の目的変数との相関係数である．したがって，回帰式が完全に目的変数を予測していれば $R = 1$ になる．

回帰式の統計的有意性は，単回帰のときと同様に，分散分析表で回帰変動と残差変動の分散比を F 検定して調べる．

D.　ダミー変数

重回帰分析では，回帰式にゼロか 1 の 2 つの値しかとらない**分類変数**(2 値変数)を入れることができる．たとえば性別を入れる場合には，「男性 → 1」，「女性 → 0」などとすればよい．また喫煙について，「吸ったことがない」「吸っていたがやめた」「吸っている」の 3 つの選択肢で回答させた結果を組み込む場合であれば，これを以下のように新たな 2 つの変数(**ダミー変数**と呼ばれる)に分けるとよい．

変数 1：「吸ったことがない → 1」，「吸ったことがある → 0」
変数 2：「現在は吸っていない → 1」，「現在も吸っている → 0」

このようなデータで重回帰分析を行うと，ダミー変数で分類される 2 群の平均値に差がなければ，その変数の偏回帰係数はゼロになるが，差があればゼロ以外の値をとる．したがって，2 群間の平均値に差があるかどうかを，偏回帰係数の統計的有意性によって検定できる．

E.　偏相関係数

重回帰を行うと，回帰式に組み入れられた変数の**偏相関係数**を求めることができる．重回帰では目的変数を複数の説明変数で予測する．つまり，回帰式に含まれているそれぞれの説明変数が，目的変数に影響をおよぼすということである．たとえば A 項で示したハリス-ベネディクトの式は，体重が身長や年齢とともにBEE に影響することを表している．そこで，重回帰式に当てはめて得られた偏回帰係数が有意だった場合，その説明変数は，他の説明変数の影響を調整した

きに有意に目的変数に関与していると評価できる.

F.　多重共線性

　重回帰分析は，3つ以上の要因(変数)で分類されたデータを解析する場合に強力な手法だが，**多重共線性**に注意が必要である.

　重回帰分析では，本来それぞれの説明変数が独立して目的変数に影響を及ぼすことが望ましい. しかし，お互いに相関関係のある説明変数が複数含まれる場合がある. これを多重共線性があるという.

　多重共線性があると，偏回帰係数の推定値の精度が下がり，正しい結果が得られなくなる. 多重共線性を避けるためには，回帰式に用いる説明変数をあらかじめ選択しておくとよい. まず式に用いたい説明変数間の相関係数を求める. そして，相関係数の絶対値が0.7以上になる説明変数のペアがあった場合には，そのどちらかの説明変数を回帰式に用いないようにすると，多重共線性を避けることができる.

第12章　演習問題

【1】　第10章演習問題の【2】で，複数の被験者から2つの変数について複数のデータが得られたときに，2変数間の関係を相関係数によって調べようとすると，誤って本来とは真逆の結論を導きかねないことを学んだ. 同じデータを用いて重回帰を行い，2変数の関係を調べてみよう.

　　　a. OUTPUTを目的変数，INPUTと被験者を説明変数として重回帰を行おう. そのために，被験者をダミー変数としてデータを作ってみよう.

　　　b. aのデータをExcelの分析ツール「回帰分析」を使って分析してみよう. どんなことがわかるだろうか.

【2】　講談社サイエンティフィクのWebページからデータをダウンロードして，下記の分析をしてみよう.

　　　a. Excelの分析ツール「回帰分析」を使い，OUTPUTをy，INPUT-1からINPUT-4をxとして回帰分析を行い，結果について考察しよう.

　　　b. INPUT-1からINPUT-4の関係を散布図と相関係数を用いて調べよう.

　　　c. bの結果を踏まえて，INPUTからOUTPUTを予測する回帰式を求めよう.

13. 研究デザインと クロス集計表

フランシス・ゴルトン(1822~1911)
イギリスの人類学者.進化論を数学的に追究する目的で多くの遺伝実験を行い,生物測定学の基礎を作った.進化論で知られるチャールズ・ダーウィンは従兄にあたる.

これまでは,量的なデータを中心に学んできたが,栄養学では質的データを扱うこともある.そこで,ここからは質的データの取り扱いについて学ぶことにする.

13.1 研究デザイン

A. 人を対象とした研究

人の健康は食事も含めた生活環境の影響を受ける.どのような要因がどのような影響を及ぼすかを調べるために研究が行われ,結果が統計解析の対象になる.

人を対象とした研究では,対象に治療などの働きかけを加える場合があり,そうした働きかけを**介入**(intervention)という.また,対象が特定の環境要因にさらされる場合には,そうした環境要因を**曝露**(exposure)という.そして,介入や曝露によって生じる結果を**アウトカム**(outcome)といい,アウトカムを評価するための指標を**エンドポイント**(endpoint)という.

対象の健康に直接的に関与し,かつ客観的に評価できる指標が**真のエンドポイント**(true endpoint)とされる.真のエンドポイントには,例えば死亡,心筋梗塞の発症,骨折といった指標がある.ただ,一定期間の観察でそのような状態を観察するのは難しいため,真のエンドポイントと関連のある指標が**代用エンドポイント**(surrogate endpoint)として用いられることもある.真のエンドポイントと代用エンドポイントの例を表 13.1 に示す.

エンドポイントが決まると,得られるデータ(の種類)も決まる.たとえば,真のエンドポイントとして「死亡」を採用すれば,対象から得られるデータは「死亡した/生存している」の 2 値に絞られる.同様に,なんらかの病気の「発症」をエンドポイントにした場合,「発症した/発症していない」の 2 値データを得

表 13.1　真のエンド
ポイントと代用エンド
ポイントの例

疾患	真のエンドポイント	代用エンドポイント
がん	死亡	がんの大きさ 腫瘍マーカー
動脈硬化	心筋梗塞	大動脈のカルシウム沈着
骨粗しょう症	骨折	骨密度
糖尿病	三大合併症	血糖値
栄養不良	死亡	血清アルブミン

ることになる.

　ここで，人を対象とした研究の例として脂質異常症に対する食事指導の効果を調べた第 8 章の表 8.1 のデータを考えてみよう．真のエンドポイントは脂質異常症の「治癒した／治癒しない」であろう．しかし，わずか 3 ヵ月間では真のエンドポイントで効果を判定するのは困難である．そこで，血清コレステロールを代用エンドポイントとして評価している．このように，人を対象とした研究では，真のエンドポイントと同様に代用エンドポイントによって影響を評価することも行われる.

　また，ある対象を一定期間にわたって観察する場合には，対象とする集団を**コホート**(cohort)とよぶ.

　人を対象とした研究ではどんな対象(参加者 Participant あるいは患者 Patient)に対して，どんな影響(介入 Intervention あるいは曝露 Exposure)により，なにを対照(Control)として(あるいは何と比較して Compare)どんな結果(Outcome)が得られたかを整理する．これらを英単語の頭文字をとって PICO あるいは PECO という.

B.　　前向き研究

　対象を一定の期間追跡して観察したり，対象に治療や食事指導のような処理を加えてどのような変化が得られるかを調べたりすることがある．このような研究は，実際に研究をスタートしてから結果が明らかになってくるので，**前向き研究**(prospective study)と呼ばれる(図 13.1).

　前向き研究には，ある対象を一定期間にわたって観察する**前向きコホート研究**と，対象に対して介入を加えて観察する**介入研究**がある.

　前向きコホート研究の例には，米国マサチューセッツ州フラミンガムの住民を対象に 1948 年から実施されている Framingham Heart Study(フラミンガム心臓研究)がある．この研究からは，喫煙と心臓病の関係や高血圧と脳卒中の関係などについて多くの重要な知見が得られている．日本でも，福岡県久山町の全住民を対象に 1961 年から実施されている久山町研究があり，食物繊維摂取と 2 型糖尿病の関係などについて多くの重要な知見が得られている.

　介入研究はその手法により細分化される．介入の効果を前後で比較する前後比

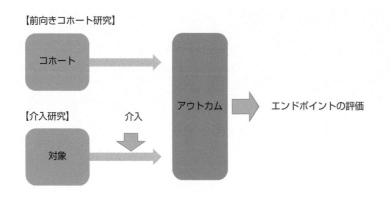

図 13.1　前向き研究の例

較試験や，対照群との比較を行う比較試験，同一の対象者に2つ以上の条件の介入を行うクロスオーバー試験などがある．

C.　後ろ向き研究

　前向き研究では，研究をスタートしてからアウトカムが生じたが，一定の期間内には期待したエンドポイントを観察するのが難しいという欠点がある．そこで，すでにエンドポイントが明確になっている者を対象に，過去にさかのぼってその原因を研究する手法もある．このような研究を**後ろ向き研究**（retrospective study）という（図13.2）．たとえば，一定地域の集団（コホート）について，呼吸器疾患の現状と，喫煙歴を調査し，喫煙歴が呼吸器疾患に与える影響を検討するというのは，**後ろ向きコホート研究**である（図13.2A）．

　後ろ向きコホート研究では，対象の過去の状況について正確な評価ができなければならないので，記録が残っている必要がある．さらに，真のエンドポイント

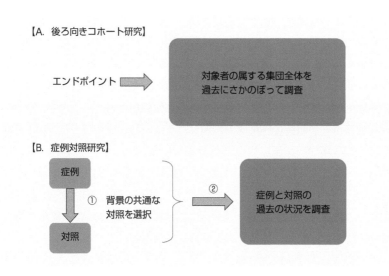

図 13.2　後ろ向き研究の例

の発生率が低い場合，明確な結論を得るためには，多くの人数を調査しなければならない．たとえば，注目するエンドポイントの発生頻度が1万人あたり1名であった場合には，合計20の発生例について調べようとすると，20万人の集団の調査が必要となる．これは現実的ではない．

そこで，注目するエンドポイントが発生している症例20名を選び，それぞれの症例に対して，発症していないが年齢・性別などの背景の類似した対照を選び，注目する曝露要因の有無を比較することで曝露要因と発症との関係を研究するという方法もある（図13.2B）．これは，症例に対して対照をマッチさせるので，**症例対照研究**(case-control study)とよばれる．この方法を使えば，発生頻度が小さい現象についても，大きな集団を調べることなく，原因について研究できるという利点がある．

D. 横断研究

前向き研究と後ろ向き研究は，ある時点を起点として，それぞれ未来（前）と過去（後ろ）を観察する研究だった．これらの時間軸に沿って観察を行う研究を**縦断研究**(longitudinal study)と呼ぶ（図13.3）．

縦断研究とは異なり，ある時点（縦断研究にとっての起点）における広い観察結果から何らかの知見を得ようとする研究もある．時間軸の横断面を観察するイメージにもとづき，**横断研究**(cross-sectional study)と呼ぶ．横断研究のより詳しい特徴や具体例の解説は他書に譲る．

図 13.3　時間軸を基準にした研究デザインの分類

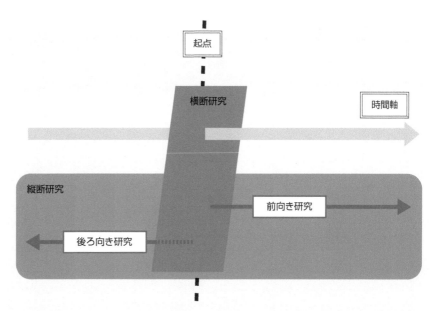

起点

横断研究

時間軸

縦断研究

前向き研究

後ろ向き研究

13.2 │ クロス集計表

　前向き介入研究で得られるデータの分析について，簡単な例で考えてみる.
　介入により，疾病の発症が予防できるかどうかを研究したところ，表 13.2 のような結果が得られたとする. エンドポイントは発症なので，これについては，「あり／なし」のいずれかのデータが得られる. また，介入についても「あり／なし」のいずれかのデータが得られるので，結果を 2 行 2 列の集計表にまとめることができる. このように，行と列それぞれの要因によって分類された集計表を**クロス集計表**(分割表)と呼ぶ. 表 13.2 の集計表からは，リスクやオッズが計算できる(表 13.3). リスクとオッズについては，項を変えてくわしく説明する.

A.　リスク

　対象者のうち，ある結果になってしまう割合を**リスク**(危険性)という. 表 13.2 の例でいえば，対象全体に占める発症者の割合が発症のリスクである. 表 13.3 では，介入の有無で群を分け，各群について発症リスクを計算した. 具体的には，介入のある群では対象者 200 人のうち 10 人が発症したので，発症リスクは 0.05(= 10/200). 一方，介入のなかった群では，対象者 200 人のうち 40 人が発症しているので，発症リスクは 0.20(= 40/200)となる. リスクを評価する

表 13.2　介入研究の結果の例

		介入	
		あり	なし
発症	あり(人)	10	40
	なし(人)	190	160
	合計(人)	200	200

表 13.3　介入研究の結果の例(2)

		介入	
		あり	なし
発症	あり(人)	10	40
	なし(人)	190	160
	合計(人)	200	200
リスク		0.050	0.200
相対リスク(RR)※		0.25	
オッズ		0.053	0.250
オッズ比(OR)		0.211	

※相対リスク RR = 介入ありのリスク / 介入なしのリスク

場合，対照となる（この場合は介入なし）群のリスクを CER(control event rate)，注目している（この場合は介入あり）群のリスクを EER(experimental event rate)といって区別する．

　では，介入群と対照群のリスクがどれだけ違うかを表現するには，どうしたらよいだろう．単純に 2 つのリスクの差(CER-EER)をとることで，介入によるリスクの変化の大きさを直接的に表すことができる．表 13.3 の例では，「対照群は介入群よりも発症のリスクが 0.15(＝ 0.20 － 0.05)高い」といえる．この CER と EER の差を**絶対リスク減少**(absolute risk reduction：ARR)という．

　表 13.4 の例を見てみよう．こちらも「対照群は，介入群よりも発症のリスクが 0.15(＝ 0.16 － 0.01)高い」というデータである．ただし，発症者数を見ると，対照群は 200 人のうち 32 人が発症しているのに対して，介入群では 200 人中で 2 人しか発症していない．

　表 13.3 でも表 13.4 でも，「対照群は，介入群よりも発症のリスクが 0.15 高い」のだが，介入の効果は同等だろうか．絶対リスク減少ではなく，発症リスクそのものを見てみよう．表 13.3 では，対照群で 20%，介入群で 5%であるのに対して，表 13.4 では 16%と 1%である．この数字からは，表 13.4 の結果のほうが，高い介入の効果を示しているように見える．

　こういう場合には，リスクの差ではなく，リスクの比，つまり 5% vs. 20% あるいは 1% vs. 16%のほうが，記述的な指標として有用である．これを**相対リスク**あるいは**リスク比**(relative risk：RR)という．一般化すれば，基準（対照）となるリスクに対する比で表されるリスクの大きさが，相対リスクである．表 13.3 も表 13.4 も，介入なし群（対照群）のリスクを基準に相対リスクを計算している．表 13.3 では，対照群のリスクが 0.20 なので，介入あり群（介入群）の相対リスクは 0.05/0.20 ＝ 0.25，対照群は 0.20/0.20 ＝ 1.00 となる．同様に表 13.4 では，介入群の相対リスクは 0.01/0.16 ＝ 0.0625 で，対照群は 1.00 である．

表 13.4　介入研究の結果の例（3）

		介入	
		あり	なし
発症	あり(人)	2	32
	なし(人)	198	168
	合計(人)	200	200
リスク		0.01	0.16
相対リスク(RR)※		0.0625	
オッズ		0.0101	0.1905
オッズ比(OR)		0.0530	

※相対リスク RR ＝ 介入ありのリスク / 介入なしのリスク

表 13.5　リスクに関する指標

指標		計算
CER	control event rate	対照群の発生率
EER	experimental event rate	実験群の発生率
絶対リスク減少(ARR)	absolute risk reduction	ARR = CER − EER
相対リスク(RR)	relative risk	RR = EER/CER
相対リスク減少(RRR)	relative risk reduction	RRR = 1 − RR
NNT	number needed to treat	NNT = 1/ARR

　相対リスクを用いることにより，リスクの差(絶対リスク)は同じ 15%(0.15)であっても，表 13.3 では，「介入群のリスクは対照群に対して 25%(0.25)である」が，表 13.4 では，「介入群のリスクは対照群に対して 6.25%(0.0625)」にすぎないことがわかり，介入群と対照群のリスクの差がわかりやすくなる.

　また，相対リスク(RR)を用いて，介入によりエンドポイントの発生をどれだけ減らせるかを表す指標を得ることもできる. それは単に 1 − RR を計算したもので，**相対リスク減少**(relative risk reduction：RRR)という.

　このように相対リスクは，2 つの群のリスクの違いを表現するのによい指標である. ただし，そもそもの発症率が低い場合には，影響の大きさについて誤解を招く，との議論もある.

　たとえば，ある疾患を発症する確率が 100 万人に 4 人で，介入することによりその発症を 100 万人に 3 人にまで減らすことができたとしよう. 相対リスクは 0.75(75%)で，「介入により発症のリスクを 75% に減らした」ことになる. しかし，その介入が費用や手間のかかるものだった場合，そもそも小さな発症リスクを下げるために，国民全体にその介入を行うべきだろうか. こうしたことを費用対効果の面から考える際には，相対リスクはよい指標ではない.

　そこで，1 人の発症を予防するには何人に介入すればよいのかを示す指標が参考になる. それは，絶対リスク減少(ARR)の逆数で，**NNT**(number needed to treat)といわれる. たとえば，いまの例の場合，絶対リスク減少は 100 万分の 1(100 万分の 4 のリスクが 100 万分の 3 に減少)なので，NNT は 100 万人となる. つまり，1 人の発症を予防するには，100 万人に介入する必要があるということだ. NNT は，介入に関する費用対効果を評価するのに，よい指標になる.

　以上，この項で紹介したリスクに関する指標を表 13.5 にまとめておく.

B.　オッズ

　リスクが対象者全体の中である結果になってしまう者の割合(発生率)だったのに対して，**オッズ**(odds)はある結果になってしまった者とならなかった者の比である. つまり，リスク(発生率)を p とすると，オッズは $p/(1 − p)$ と表せる. 表

13.3 では，介入ありの場合のリスクは 0.05 なので，オッズは 0.05/(1 − 0.05) = 0.05/0.95 = 0.053 となる．

オッズは，リスクの有無を比較する場合の指標として有用である．たとえばリスクが 0.5 だった場合には，オッズは 0.5/(1 − 0.5) = 1 となり，注目する結果になる可能性は半々（1 : 1）と評価する．逆にリスクが 0.8 だった場合には，オッズは 0.8/(1 − 0.8) = 4 で，注目する結果になる可能性は，そうならない可能性の 4 倍大きい．

オッズが便利なのは，クロス集計表があれば p を計算しなくても，表の数字からそのまま計算できることにある．たとえば，表 13.3 や表 13.4 の分類を例にして，発症あり，なしの人数をそれぞれ n_1，n_2 とすると，発症リスク p は $n_1/(n_1 + n_2)$ で，オッズは以下のとおりとなる．

$$
\begin{aligned}
\mathrm{odds} &= \frac{p}{1 - p} \\[6pt]
&= \frac{n_1/(n_1 + n_2)}{1 - n_1/(n_1 + n_2)} \\[6pt]
&= \frac{n_1/(n_1 + n_2)}{(n_1 + n_2)/(n_1 + n_2) - n_1/(n_1 + n_2)} \\[6pt]
&= \frac{n_1/(n_1 + n_2)}{n_2/(n_1 + n_2)} \\[6pt]
&= \frac{n_1}{n_2}
\end{aligned}
$$

つまり，クロス集計表の「発症あり」の人数を「発症なし」の人数で割れば，そのままオッズになる．実際，表 13.3 では 10/190 = 0.053，40/160 = 0.250 であり，表 13.4 では 2/198 = 0.0101，32/168 = 0.1905 で，たしかにリスク p から求めたオッズと一致していることがわかる．

そして，オッズの比を**オッズ比**という．いま，リスクが p_1 と p_2 の 2 つの場合があったとき，それぞれのオッズは $\mathrm{odds}_1 = p_1/(1 - p_1)$，$\mathrm{odds}_2 = p_2/(1 - p_2)$ であり，オッズ比は，

$$
\begin{aligned}
\frac{\mathrm{odds}_1}{\mathrm{odds}_2} &= \frac{p_1/(1 - p_1)}{p_2/(1 - p_2)} \\[6pt]
&= \frac{p_1}{p_2} \times \frac{1 - p_2}{1 - p_1}
\end{aligned}
$$

である．

ここで，p_1/p_2 は相対リスクなので，オッズ比は，$(1 - p_2)/(1 - p_1)$ が 1 に近いときには，相対リスクと似た値になるという性質があることがわかる．つまりリスクが小さい場合には $1 - p_1$ も $1 - p_2$ も 1 に近くなるので，$(1 - p_2)/$

$(1 - p_1)$ も 1 に近くなり，オッズ比と相対リスクは近い値になる.

　表 13.3 と表 13.4 の例で確認してみよう．介入群と対照群のリスクの値を 2 つの表で比べると，いずれも表 13.4 のほうが小さい．表 13.3 では，対照群を基準とした相対リスクとオッズ比はそれぞれ 0.25 と 0.211 である．一方，リスクの値が小さい表 13.4 では，相対リスクが 0.0625 でオッズ比が 0.0530 となっており，両者の差が表 13.3 の場合より確かに小さい.

　これは非常に有用な性質である．というのは，相対リスクは計算できないが，オッズ比なら計算できるという場合があるからである．たとえば，発生率が非常に小さいエンドポイントについて研究しようとしたとき，必要な被験者数をそろえるのが困難で，前向き研究ができない場合がある．こんなときは，リスクも相対リスクも計算することはできないが，症例対照研究によりオッズ比であれば計算できる.

　具体例を見てみよう．今，あるエンドポイントのリスクが 2/1000 であるが，野菜を毎日 300 g 以上食べることでそのリスクが減るかどうか知りたいとする．また，すでに発症している症例が 20 人いて，それぞれの症例と背景の近い対照を 2 人ずつマッチさせ，野菜の摂取量との関係を調べたら，表 13.6 のような結果が得られたとする．この場合，症例の発生頻度(リスク)を知ることはできず，相対リスクもわからない．しかし，このクロス集計表からオッズもオッズ比も直接計算できる．その計算により，1 日あたりの野菜の摂取量が 300 g 未満だと，300 g 以上摂取している場合に比べて 8.50 倍発症しやすい，という結果を得る.

　ところで，オッズ比にはもうひとつ，行と列を入れ替えても値が変わらないという，おもしろい性質がある．オッズは，リスク p を用いなくても，クロス集計表の数字から直接計算できる．その方法で整理してみると，表 13.7 のように，列 A，B について計算したオッズ比と，行 A'，B' について計算したオッズ比とは一致する(いずれも $(n_{11} \cdot n_{22})/(n_{12} \cdot n_{21})$)．したがってオッズ比を計算する場合には，行と列の選択に頭を悩ませなくてもよい．たとえば，表 13.6 の行と列を入れ替えてみると，表 13.8 になるが，この場合でも症例と対照のオッズ比は，表 13.6 と同じ 8.50 となる.

表 13.6　症例対照研究の結果の例

| | 1 日あたりの野菜の摂取量 | | |
	300 g 未満	300 g 以上	合計
症例	17	3	20
対照	16	24	40
オッズ	1.06	0.13	
オッズ比(OR)	8.50		

表 13.7 クロス集計表からのオッズとオッズ比の計算

	A	B	オッズ	オッズ比
A'	n_{11}	n_{12}	$\dfrac{n_{11}}{n_{12}}$	$\dfrac{n_{11} \cdot n_{22}}{n_{12} \cdot n_{21}}$
B'	n_{21}	n_{22}	$\dfrac{n_{21}}{n_{22}}$	
オッズ	$\dfrac{n_{11}}{n_{21}}$	$\dfrac{n_{12}}{n_{22}}$		
オッズ比	$\dfrac{n_{11} \cdot n_{22}}{n_{12} \cdot n_{21}}$			

表 13.8 表 13.6 の行と列を入れ替えてオッズ比を計算

		症例	対照
1 日あたりの野菜の摂取量	300 g 未満	17	16
	300 g 以上	3	24
	合計	20	40
	オッズ	5.67	0.67
	オッズ比	8.50	

第 13 章　演習問題

【1】　ヒルの基準(10.4.A 項参照)を提唱したヒルらが，1948 ～ 1949 年にロンドン市内の病院に入院していた 75 歳未満の男性患者を対象に調査をおこなった[1]．肺がん患者と，それ以外の病気の患者，それぞれ 649 人について，発症までの(過去の)喫煙習慣の有無を調べた．その結果を表にまとめたものを講談社サイエンティフィクの Web ページからダウンロードして，下記の問題に答えてみよう．

a. この研究のデザインとしてもっとも適当なのは，次の①～④のうちどれか．
①介入研究　②横断研究　③前向き研究　④後ろ向き研究

b. 喫煙者(喫煙習慣あり)と非喫煙者(喫煙習慣なし)について，肺がんのそれ以外の病気に対するリスクを求め，喫煙者の非喫煙者に対する相対リスク(RR)を求めよう．

c. 喫煙者と非喫煙者について，肺がんのそれ以外の病気に対するオッズを求め，喫煙者の非喫煙者に対するオッズ比(OR)を求めよう．

【2】　ヒルらが，英国の 35 歳以上の男性医師 24389 名を対象に 1951 年 11 月から 1954 年 3 月まで，喫煙習慣と死因を追跡調査した[2]．その結果を表にまとめたものを講談社サイエンティフィクの Web ページからダウンロードして，下記の問題に答えてみよう．

a. この研究のデザインとしてもっとも適当なのは，次の①〜④のうちどれか．

①介入研究　②横断研究　③前向き研究　④後ろ向き研究

b. 喫煙者(喫煙習慣あり)と非喫煙者(喫煙習慣なし)について，肺がんによる死亡および死亡(全体)のリスクを求め，喫煙者の非喫煙者に対する相対リスク(RR)を求めよう．

[1] Doll R & Hill AB. Smoking and carcinoma of the lung ; preliminary report. Br Med J 2(4682)：739-744(1950).

[2] Doll R & Hill AB. The mortality of doctors in relation to their smoking habits. Br Med J. 1(4877)：1451-1455(1954).

14. クロス集計表の解析

ネイサン・マンテル（1919 ～ 2002）
アメリカの統計学者．ウィリアム・ヘンツェル
と共同でマンテル–ヘンツェル検定や，オッズ
比の推定量であるマンテル–ヘンツェルの要約
オッズ比などを開発した．

13 章では，研究デザインとクロス集計表について学んだ．本章ではクロス集計表に整理された分類データの解析方法について学ぶ．

14.1 割合の信頼区間と母比率の差の検定

クロス集計表からリスクが計算されるが，その統計的な有意性について考えよう．表 14.1 は，ある仮想の介入研究により得られた結果をクロス集計表にまとめたものである．ここではリスクとして介入ありの場合に 0.050，なしの場合に 0.200 が計算されている．そこで，このクロス集計表のリスクをどう解析するかを本節で考える．標本サイズがある程度大きい場合には，平均値のときと同様に，割合についても正規分布に近似させて信頼区間を求めたり，母比率の差の検定を行うことができる．

母比率：母集団で，ある現象が生じる確率のこと．

A. 信頼区間

標本サイズを N，標本のうちある事象が満たす確率（起こる確率）を p としたとき，95%信頼区間は次のように推定される．

表 14.1 介入研究の結果の例

		介入	
		あり	なし
発症	あり(人)	10	40
	なし(人)	190	160
	合計(人)	200	200
リスク		0.050	0.200
相対リスク(RR)※		0.250	1.00

※相対リスクは，介入なしの場合を 1.00 とした

		介入	
		あり	なし
発症	あり（人）	10	40
	なし（人）	190	160
	合計（人）	200	200
リスク		0.0500	0.2000
標準誤差		0.0154	0.0283
95%信頼区間	上側	0.0802	0.2554
	下側	0.0198	0.1446

表 14.2 　介入研究の結果の例（2）

95%信頼区間　上側：　$p + 1.96 \times$ 標本標準誤差

95%信頼区間　下側：　$p - 1.96 \times$ 標本標準誤差

標本標準誤差：　$\sqrt{p(1-p)/N}$

　表 14.1 のデータについて信頼区間を計算すると，表 14.2 のようになる．介入した場合の発症リスクの 95%信頼区間は 0.0198 〜 0.0802 であるのに対して，介入しなかった場合は 0.1446 〜 0.2554 で，両者に重なりはない．したがって，介入したほうが発症のリスクは有意（$P < 0.05$）に小さいと評価できる．

B.　母比率の差の検定

　平均値のときと同様に，「両者の母比率に差はない」を帰無仮説として，2 群の比率の差を検定することができる．

　たとえば，A，B の 2 群について表 14.3 のようなクロス集計表が得られていたとする．A 群，B 群それぞれの発症のリスクは，p_a，p_b であるが，「両者の母比率に差はない（$p_a = p_b$）」と仮定する．また，発症者の母比率を $p = (m_a + m_b)/(n_a + n_b)$ で代用し，発症しない割合を $q = 1 - p$ とすると，2 つの標本比率の差を標準化した z 値は以下のようになる．

$$z = \frac{|p_a - p_b|}{\sqrt{pq\left(\dfrac{1}{n_a} + \dfrac{1}{n_b}\right)}}$$

　例として表 14.1 のデータについて母比率の差の検定を行ってみよう．まず

		A	B
発症	あり（人）	m_a	m_b
	なし（人）	$n_a - m_a$	$n_b - m_b$
	合計（人）	n_a	n_b
リスク		$p_a = m_a/n_a$	$p_b = m_b/n_b$

表 14.3 　発症リスクに関する集計表

表 14.4　表 14.1 の
データから母比率 p
と $q = 1 - p$ を整理

		介入	
		あり	なし
発症	あり(人)	10	40
	なし(人)	190	160
	合計(人)	200	200
リスク		0.0500	0.2000
p		0.125	
q		0.875	

p，q を表 14.4 のように整理する．そして，z 値を以下のように求める．

$$z = \frac{|p_a - p_b|}{\sqrt{pq\left(\dfrac{1}{n_a} + \dfrac{1}{n_b}\right)}}$$

$$= \frac{|0.0500 - 0.2000|}{\sqrt{0.125 \times 0.875 \times \left(\dfrac{1}{200} + \dfrac{1}{200}\right)}}$$

$$= 4.536$$

z 値が標準正規分布で近似できる統計量であることから，Excel を使う場合は，この z 値を NORM.S.DIST 関数に入れ[※]，出てきた値を 1 から引いて 2 倍すれば，P 値が求められる．

※ NORM.S.DIST
関数で，関数形式を
TRUE にすると累積
分布が求められるの
で，1 からこれを引
くと，分布から外れ
る割合が求められ
る．両側に外れるこ
とを考慮して 2 倍
したものが P 値に
なる．

$$P = (1\text{-NORM.S.DIST}(z,\text{TRUE}))*2$$
$$= 5.74 \times 10^{-6}$$

ただし，上の z 値は大きめに算出されているので，P 値を小さく見積もってしまう危険がある．そこで，z 値について次式のように**イェーツの補正**を行う．

$$\text{補正後の } z = \frac{|p_a - p_b| - 0.5 \times \left(\dfrac{1}{n_a} + \dfrac{1}{n_b}\right)}{\sqrt{pq\left(\dfrac{1}{n_a} + \dfrac{1}{n_b}\right)}}$$

$$= \frac{|0.0500 - 0.2000| - 0.5 \times \left(\dfrac{1}{200} + \dfrac{1}{200}\right)}{\sqrt{0.125 \times 0.875 \times \left(\dfrac{1}{200} + \dfrac{1}{200}\right)}}$$

$$= 4.384$$

補正後の P 値は Excel で NORM.S.DIST 関数を使って次式で計算できる.

補正後の $P = (1-\text{NORM.S.DIST}(補正後の z, \text{TRUE}))*2$
$$= 1.16 \times 10^{-5}$$

P 値が有意水準(0.05)よりも小さいので, 「両者の母比率に差はない」という帰無仮説は棄却され, 「両者の母比率には差がある」という対立仮説を採用することになる. したがって, 介入群のほうが対照群よりも発症のリスクが小さいことがわかる.

14.2 カイ 2 乗検定：独立性の検定

母比率の差の検定では, A 群, B 群の母比率に差があるかどうかを検定したが, クロス集計表に整理された A 群, B 群のあいだに違いがあるかどうかを直接検定するのが, **独立性の検定**(カイ 2 乗検定)である. これは, クロス集計表にまとめられた 2 つの分類変数の分布(たとえば A 群, B 群)のあいだに関連があるかどうか(2 つの変数が独立かどうか)を, **カイ 2 乗(x^2)分布**という分布に近似させて検定する方法である. クロス集計表の各セルの数字が 5 以上の場合に使うことができる.

この検定では, 帰無仮説は「2 つの分類変数は独立である」であり, 棄却された場合には, 「2 つの分類変数のあいだには関連がある」という対立仮説が採用される.

いま, 表 14.5(1)のような研究データが得られたとすると, A 群と B 群は独立である(関連はない)という帰無仮説に従って, 赤枠で囲んだデータ部分の期待値を計算してみる(表 14.5(2)). そして, それぞれの観測値と期待値の差を 2 乗して期待値で割ったものを合計してカイ 2 乗(x^2)という値を求めて検定を行うのである.

カイ 2 乗値の計算式は以下のとおりである.

$$x^2 = \frac{(a - E_a)^2}{E_a} + \frac{(b - E_b)^2}{E_b} + \frac{(c - E_c)^2}{E_c} + \frac{(d - E_d)^2}{E_d}$$

表 14.1 のデータについて分析を行うと, 表 14.6 のようになる. P 値は Excel の CHIDIST 関数を使って, 以下のように計算できる.

表 14.5　クロス集計表の研究データ（1）と期待値（2）

(1)研究データ		A	B	合計
発症	あり（人）	a	b	$a+b$
	なし（人）	c	d	$c+d$
	合計（人）	$a+c$	$b+d$	$n=a+b+c+d$

(2)期待値		A	B	合計
発症	あり（人）	$E_a=(a+c)\times(a+b)/n$	$E_b=(b+d)\times(a+b)/n$	$a+b$
	なし（人）	$E_c=(a+c)\times(c+d)/n$	$E_d=(b+d)\times(c+d)/n$	$c+d$
	合計（人）	$a+c$	$b+d$	$n=a+b+c+d$

表 14.6　表 14.1 をカイ2乗検定した結果

(1)研究データ		介入		合計
		あり	なし	
発症	あり	10	40	50
	なし	190	160	350
	合計	200	200	400

(2)期待値		介入		合計
		あり	なし	
発症	あり	25	25	50
	なし	175	175	350
	合計	200	200	400

(3)検定の結果

自由度	1
χ^2値	20.57142857
P値	5.74×10^{-6}

$$P = \mathrm{CHIDIST}(\chi^2, 1)$$
$$= \mathrm{CHIDIST}(20.57143, 1)$$
$$= 5.74\times10^{-6}$$

　カイ2乗検定でもイェーツの補正を行うことができる．この場合は，以下の式により χ^2 を求める．

$$\chi^2 = \frac{(|ad-bc|-n/2)^2\times n}{(a+b)\times(c+d)\times(a+c)\times(b+c)}$$

表 14.1 のデータについて補正を行い，P 値を求めると，以下のようになる．

　　補正後の $\chi^2 = 19.22286$
　　補正後の $P = \mathrm{CHIDIST}(19.22286, 1)$
　　　　　　　　$= 1.16\times10^{-5}$

P 値は 5.74×10^{-6} と，有意水準(0.05)よりも小さいので，「発症に関して介入のあり／なしは独立である」という帰無仮説は棄却され，「発症に関して介入のあり／なしには関連がある(介入のあり／なしで度数が違う)」という対立仮説を採用することになる．

ここで，カイ 2 乗検定で得られた P 値(5.74×10^{-6})は，前節(14.1.B 項の母比率の差の検定)で，イェーツの補正をする前の z 値から得られた P 値(5.74×10^{-6})と同じであることに注目したい．実は，母比率の差の検定と，2 行 × 2 列のクロス集計表のカイ 2 乗検定は，計算していくと同じ結果になる．

14.3 フィッシャーの直接確率検定：例数が少ない場合

14.2 節で解説したカイ 2 乗検定は，標本サイズがある程度大きい(目安として各セルの数字が 5 以上)場合に，本来は離散データである人数の分布を，正規分布やカイ 2 乗分布といった連続する確率分布に近似する方法であった．しかし，標本サイズが少ない場合は上記の方法は適用できない．

標本サイズが小さい場合に使うのが**フィッシャーの直接確率検定**(Fisher's exact test)である．これは，起こりうるすべての数字の組み合わせを考えて，そこから直接確率を計算する方法といえる．クロス集計表のいずれかのセルの数字が 5 未満であるような場合には，この方法を用いたほうがよい．

以下に，表 14.7 のクロス集計表を例に考え方を紹介する．

フィッシャーの直接確率検定では，まず，観察された人数 $n(=a+b+c+d)$ が 2 × 2 の赤い線で囲んだ枠の中に入る組み合わせをすべて計算する．そこから，観測された組み合わせや，それより極端な組み合わせが起こる確率をすべて合計して，有意水準(0.05)と比較する．

このように，すべての組み合わせについて確率を求めるので膨大な計算が必要だが，直接的に確率を求められるという特徴がある．

表 14.7 クロス集計表の例

		A	B	合計
発症	あり(人)	a	b	$a+b$
	なし(人)	c	d	$c+d$
	合計(人)	$a+c$	$b+d$	$n=a+b+c+d$

14.4 マクネマー検定：被験者に対応がある場合

本章でこれまで扱ってきたデータでは，比較したい2群間の被験者に対応はなかった．対応がある場合には，カイ2乗検定を応用した**マクネマー検定**(McNemar's chi-square test)という方法で解析する．仮想の例を使って，この方法を見ていこう．

症例対照研究の場合には，症例1例に対して背景の類似した対照をマッチさせるので，症例群と対照群の被験者に対応がある．いま，ある環境要因への曝露の有無が疾患の発症に関係するのでは，と考えて行った症例対照研究により表14.8の結果が得られたとする．

この表では，症例と対照でマッチさせた$n(= a + b + c + d)$組のペアを曝露の有無で分けて集計している．ここでは「曝露の有無が発症に関係している」と考えているので，症例には曝露があるが対照にはないペアの数(b)と，症例には曝露がないが対照にはあるというペアの数(c)が問題となる．

そこで，このような場合には，カイ2乗値を下記のように，bとcのみを使って計算する．

※分子のカッコ内で1を引いているのは，カイ2乗分布に近づけるためのイェーツの補正である．

$$\chi^2 = \frac{(\,|b - c|\, - 1)^2}{b + c}$$

そして，このχ^2からP値を求めて検定する．

例として，表14.9(1)のデータについてマクネマー検定を行ってみると，表

表14.8 症例対照研究の結果の例

		対照	
		曝露あり	曝露なし
症例	曝露あり	a	b
	曝露なし	c	d

表14.9 マクネマー検定の例

(1)症例対照研究の結果の例		対照	
		曝露あり	曝露なし
症例	曝露あり	18	10
	曝露なし	2	10

(2)(1)のデータをマクネマー検定した結果	
自由度	1
マクネマーχ^2値	4.083333
マクネマーP値	0.043308
$\chi^2(0.95)$	3.841459

14.9(2)の結果が得られる．P 値(0.043308)は有意水準(0.05)よりも小さいので，曝露と発症とは統計的に有意に関連があることがわかる．

　マクネマーの χ^2 が，$\chi^2 = (\,|b-c|-1)^2/(b+c)$ になっていることと，マクネマーの P 値がカイ 2 乗分布から求められていることを確認しておこう．まず χ^2 だが，

$$\frac{(\,|10-2|-1)^2}{10+2} = \frac{49}{12} = 4.0833$$

で，表 14.9 の χ^2 と一致する．そして P 値の計算は，Excel でカイ 2 乗分布の関数を使って，以下のように求めることができる．

$$\begin{aligned} P &= \mathrm{CHIDIST}(\chi^2, \text{自由度}) \\ &= \mathrm{CHIDIST}(4.0833, 1) \\ &= 0.0433 \end{aligned}$$

　これも表 14.9 の P 値と一致している．

14.5 相対リスク，絶対リスク減少，オッズ比の解析

　13 章で，クロス集計表から得られるリスクの評価に，相対リスク(RR)，絶対リスク減少(ARR)，オッズ比(OR)が使われることを紹介した．ここでは，それらの指標の信頼区間の求め方と評価方法を紹介する．計算には，表 14.10 のクロス集計表と，表 14.11 の研究結果の例を用いる．

A.　相対リスクの信頼区間と検定

　相対リスク(RR)は，標本 RR の対数の分布が正規分布に近似できることを利用して，下記の式で求められる(記号の意味は表 14.10 を参照)．

　95%信頼区間　上側：$RR \times e^{1.96 \times SE}$
　95%信頼区間　下側：$RR \times e^{-1.96 \times SE}$

　ただし，標準誤差 $SE = \sqrt{\dfrac{1}{a} - \dfrac{1}{a+c} + \dfrac{1}{b} - \dfrac{1}{b+d}}$

　表 14.11 の研究結果の例について Excel を使って計算してみると，以下のようになる．

表 14.10　クロス集計
表の例

		試験群	対照群
イベント発生	あり	a	b
	なし	c	d
	合計	$a + c$	$b + d$
リスク		$EER = \dfrac{a}{a+c}$	$CER = \dfrac{b}{b+d}$
相対リスク(RR)		$RR = EER/CER$	
絶対リスク減少(ARR)		$ARR = CER - EER$	
オッズ		$odds_E = a/c$	$odds_C = b/d$
オッズ比(OR)		$OR = odds_E/odds_C = ad/bc$	

表 14.10　クロス集計表の例

表 14.11　クロス集計表にまとめられた研究結果の例

		介入	
		あり	なし
発症	あり　(人)	10	40
	なし　(人)	190	160
	合計　(人)	200	200
リスク		0.050	0.200
相対リスク(RR)		0.250	
絶対リスク減少(ARR)		0.150	
オッズ		0.0526	0.2500
オッズ比(OR)		0.2105	

$$標準誤差\ SE = \sqrt{\dfrac{1}{10} - \dfrac{1}{200} + \dfrac{1}{40} - \dfrac{1}{200}}$$

$$= 0.339116$$

※なお，99％信頼
区間を求める場合
には，1.96 の代
わりに 2.58 を用
いればよい．

95％信頼区間　上側：$0.250 \times e^{1.96 \times 0.339116} = 0.4860$

95％信頼区間　下側：$0.250 \times e^{-1.96 \times 0.339116} = 0.1286$

　得られた 95％信頼区間の範囲内(0.1286 〜 0.4860)には 1.00 が入らないので，相対リスクは 1 ではない(リスクは同じではない)と考えられる．したがって，介入ありのほうが発症のリスクが小さいと推論できる．

B.　絶対リスク減少の信頼区間と検定

　絶対リスク減少(ARR)は，標本 ARR の分布が正規分布に近似できることを利用して，下記の式で求められる(記号は表 14.10 を参照)．

　95％信頼区間　上側：$ARR + 1.96 \times SE$

95%信頼区間　下側：ARR − 1.96 × SE

ただし，標準誤差 SE $= \sqrt{\dfrac{ac}{(a+c)^3} + \dfrac{bd}{(b+d)^3}}$

　表 14.11 の研究結果の例について Excel を使って計算してみると，以下のようになる．

標準誤差 SE $= \sqrt{\dfrac{10 \times 190}{200 \times 200 \times 200} + \dfrac{40 \times 160}{200 \times 200 \times 200}}$

$= 0.03221$

95%信頼区間　上側：0.15 + 1.96 × 0.03221 = 0.2131
95%信頼区間　下側：0.15 − 1.96 × 0.03221 = 0.08687

※なお，99％信頼区間を求める場合には，1.96 の代わりに 2.58 を用いればよい．

　得られた 95%信頼区間の範囲内（0.08687 〜 0.2131）には 0 が入らないので，リスクの差は 0 でない（リスクは同じではない）と考えられる．したがって，ARR からも介入ありのほうが発症のリスクが小さいことがわかる．

C.　オッズ比の信頼区間と検定

　オッズ比（OR）は，標本 OR の対数の分布が正規分布に近似できることを利用して，下記の式で求められる（記号は表 14.10 を参照）．

95%信頼区間　上側：OR $\times e^{1.96 \times SE}$
95%信頼区間　下側：OR $\times e^{-1.96 \times SE}$

ただし，標準誤差 SE $= \sqrt{\dfrac{1}{a} + \dfrac{1}{b} + \dfrac{1}{c} + \dfrac{1}{d}}$

　表 14.11 の研究結果の例について Excel を使って計算してみると，以下のようになる．

標準誤差 SE $= \sqrt{\dfrac{1}{10} + \dfrac{1}{40} + \dfrac{1}{190} + \dfrac{1}{160}}$

$= 0.36948$

※なお，99％信頼区間を求める場合には，1.96 の代わりに 2.58 を用いればよい．

95%信頼区間　上側：0.2105 $\times e^{1.96 \times 0.36948} = 0.4343$
95%信頼区間　下側：0.2105 $\times e^{-1.96 \times 0.36948} = 0.1020$

得られた 95%信頼区間の範囲内(0.10205 ～ 0.43432)には 1 が入らないので，信頼区間からはオッズ比は 1 でない(オッズは同じではない)と考えられる．したがって，介入ありのほうが発症のオッズが小さいことがわかる．

第 14 章　演習問題

【1】　ヒルの基準(10.4.A 項参照)を提唱したヒルらが英国の 35 歳以上の男性医師 24,389 名を対象に 1951 年 11 月から 1954 年 3 月まで，喫煙習慣と死因を追跡調査した[1]．その結果を表にまとめたものを講談社サイエンティフィクの Web ページからダウンロードして，下記の問題に答えてみよう．

　　a. 肺がんによる死亡のリスクの 95%信頼区間を求めよう．

　　b. 死亡(肺がんとそれ以外の死亡)のリスクの 95%信頼区間を求めよう．

　　c. 喫煙者と非喫煙者で肺がんによる死亡率，および死亡率(肺がんとそれ以外の死亡)に違いがあるかを母比率の差の検定によって調べよう．

　　d. 喫煙者と非喫煙者で死亡率(肺がんとそれ以外の死亡)に違いがあるかをカイ 2 乗検定によって調べよう．

[1] Doll R & Hill AB. The mortality of doctors in relation to their smoking habits. Br Med J. 1(4877)：1451-1455(1954).

15. クロス集計表の応用

ポール・マイヤー（1924 ～ 2011）
アメリカの統計学者．医学分野で無作為化比較
試験の浸透に貢献．エドワード・カプランと共
同でカプラン-マイヤーの生存曲線を開発した．
[the University of Chicago News Office]

14章では，臨床研究で得られる結果（クロス集計表）のおもな解析方法を学んだが，本章では，前章で紹介しきれなかった方法について学ぶ．

15.1 カイ2乗検定：適合度の検定

14.2節でカイ2乗検定による独立性の検定を学んだ．これは，クロス集計表にまとめられた2つの分類変数の間に関連があるかを調べる方法であった．この検定法において，帰無仮説は「2つの分類変数は独立である（関連がない）」というものだ．

カイ2乗検定は，期待値と観測値の差に基づく検定なので，関連の有無だけでなく，ある分類による分布が期待している分布と同じ（適合している）かを調べることもできる．この目的で実施するカイ2乗検定は**カイ2乗適合度検定**ともいう．

また，カイ2乗検定は2×2のクロス集計表だけでなく，もっと多くの要因で分類されるデータにも適用できる．たとえば，日本人のABO式血液型の比率は，A：B：O：AB = 40：20：30：10であるといわれているが，ある集団における血液型の分布がこれに合致するかを調べるには，カイ2乗適合度検定が有効である．いま，100人を調査した結果が表15.1のとおりであったとする．適合度を検定してみよう．

カイ2乗検定では，それぞれの観測値と期待値との差を2乗して期待値で

表15.1 血液型調査の結果（人）

| | 血液型 | | | | 合計 |
	A	B	O	AB	
調査	47	18	33	2	100
理論（期待値）	40	20	30	10	100

割ったものを合計して，カイ 2 乗値を求める．表 15.1 のデータについて計算してみると，以下のようになる．

$$\chi^2 = \frac{(47-40)^2}{40} + \frac{(18-20)^2}{20} + \frac{(33-30)^2}{30} + \frac{(2-10)^2}{10}$$
$$= 8.125$$

これをカイ 2 乗分布（χ^2分布）に近似して P 値を求めるが，カイ 2 乗分布は自由度によって変化するので，自由度が必要になる．表 15.1 の例では，A，B，O，AB の 4 つに分類しているので，4 − 1 = 3 が自由度になる．

カイ 2 乗値と自由度から，14 章（14.4 節）で計算したように，Excel で下記のように P 値を求めることができる．

$$P = \text{CHIDIST}(\chi^2, 自由度)$$
$$= 0.04350$$

P 値（0.04350）は有意水準（0.05）よりも小さいので，統計的に有意であることが検定できる．したがって，調査した集団の血液型の比率は統計的に有意（$P <$ 0.05）に A：B：O：AB = 40：20：30：10 ではない（期待値とは異なる）ことがわかる．

15.2 分類に順序があるクロス集計表の検定

これまで紹介してきた 2 × 2 のクロス集計表では，エンドポイントの例を発症として「あり / なし」のいずれかに分類していたが，実際には，発症，重症化，死亡などのように，順序をもった 3 つ以上の水準に分類されることもある．そのような集計表に対して検定を実施することを考える．

たとえば，ある疾病について介入することにより発症を予防するだけでなく，その後の状態にも影響を与えるかどうかを調べて，表 15.2 の結果を得たとする．状態については，「死亡」，「重症」，「軽度」，「未発症」の 4 つに分類されているが，この並び方には，右から左にいくほど状態が悪くなるという順番がある．こういった場合は，「死亡」を 0，「重症」を 1，「軽度」を 2，「未発症」を 4 のように順位をつけて，その順位をデータとする．介入あり群と介入なし群で，ノンパラメトリックな平均値の差の検定（マン-ホイットニの U 検定，8.4.B 項参照）を行えばよい．

表15.2　分類に順序があるクロス集計表の例（2行×4列）

		状態				合計
		死亡	重症	軽度	未発症	
介入	あり	5	10	15	170	200
	なし	10	20	30	140	200

表15.2　分類に順序があるクロス集計表の例（2行×4列）

	データ数	順位和	平均順位
あり	200	43100	215.5
なし	200	37100	185.5
検定の結果			
U値			23000
U'値			17000
z値			2.594835
P値（両側確率）			0.009464
同順位補正z値			3.555501
同順位補正P値（両側確率）			0.000377
同順位の数			4
$z(0.975)$			1.959964

表15.3　表15.2のデータにマン-ホイットニのU検定を実施した結果

　検定すると表15.3の結果が得られる．検定の結果は，同順位補正P値※をみればよく，その値（0.000377）は有意水準（0.05）よりも小さいので，統計的に有意であることがわかる．

　それでは，表15.4のように，比較するものが3群以上になった場合はどうだろう．この例では，A，B，Cの3つの介入方法がある．このように3群以上で順序がある場合，各群に差があるかどうかを調べるのに，マン-ホイットニのU検定を拡張した**クラスカル-ウォリス検定**（Kruskal-Wallis test）が使われる．クラスカル-ウォリス検定は，分類の順番を順位として計算し，検定統計量をカイ2乗分布に近似して検定を行う方法である．

　表15.4のデータをクラスカル-ウォリス検定で解析すると，表15.5の結果が得られる．マン-ホイットニのU検定を拡張した方法なので，順位和や平均順位が出力されている．A，B，Cの3群を比較しているので自由度は3－1＝2である．検定統計量(H)※はカイ2乗分布に近似するので，カイ2乗分布の95%点も出力されている．検定の結果は，同順位補正P値をみればよく，その値

※表15.3の表記はエクセルのアドインソフトStatcel 5（まえがき参照）の出力を参考にしている．統計ソフトによっては，同順位補正されたP値のみが出力されることもある．

※クラスカル-ウォリス検定では，Hという統計量を用いる．そのため，H検定と呼ばれることもある．

		状態				合計
		死亡	重症	軽度	未発症	
介入方法	A	5	10	15	170	200
	B	7	14	19	160	200
	C	10	20	30	140	200

表15.4　分類に順序があるクロス集計表の例（3行×4列）

表 15.5　表 15.4 のデータにクラスカル-ウォリス検定を実施した結果

クラスカル-ウォリスの順位	データ数	順位和	平均順位
A	200	64115	320.575
B	200	61055	305.275
C	200	55130	275.65

検定の結果	
自由度	2
グループの数	3
同順位の数	4
H 値	6.943952
P 値（上側確率）	0.031056
同順位補正 H 値	13.41354
同順位補正 P 値	0.001223
$\chi^2(0.95)$	5.991465

(0.001223)は有意水準(0.05)よりも小さいので，統計的に有意であることが検定できる．

　しかし，この方法では差があったとしても，どの群とどの群に差があるのかはわからない．群間の比較を考えるなら，表 9.6 で紹介したノンパラメトリックな手法を用いるほうがよい．

15.3 ｜一定期間のイベント発生の解析

　これまで扱ってきた結果は，すべて解析の時点での観察結果である．その結果に至るまでの時間経過については考慮されていなかった．

　しかし，表 15.2 のような結果を得るためには，ある集団を一定期間観察しなければならない．そして，観察してすぐに発病，重症化，死亡といったエンドポイントに達する症例もあるだろうし，観察期間中に追跡不能になってしまう症例もあるかもしれない．通常，真のエンドポイントは発生率が低いので，そういった観察例も貴重なデータである．これらを含めて，一定期間中のイベントの発生を評価する方法を紹介する．

A.　データの整理

　例として，ある疾患の患者を対象に，A と B どちらかの治療法を施した場合の生存率を考えよう．2 年間観察して，表 15.6 の結果が得られたとする．この研究では，スタート(0 月)から 2 年後(24 月)まで観察を行ったが，被験者はスタート時には 10 人(A と B それぞれの ID ＝ 1 〜 5)のみで，その後 10 人(A と B それぞれの ID ＝ 6 〜 10)が随時，試験に組み入れられた．試験に組み入れられた時期が「組み入れ時期」に記載されている．観察は 2 年後に終了したが，それ以前に死亡した場合は，死亡時期を「観察終了」に記載し，「死亡(D)／打ち切り

治療	ID	組み入れ時期 （月）	観察終了 （月）	死亡（D）／打ち切り（C）	生存期間 （月）
A	1	0	24	C	24
A	2	0	24	C	24
A	3	0	24	C	24
A	4	0	1	D	1
A	5	0	16	D	16
A	6	1	24	C	23
A	7	4	14	D	10
A	8	7	11	C	4
A	9	9	24	C	15
A	10	11	24	C	13
B	1	0	24	C	24
B	2	0	15	D	15
B	3	0	14	D	14
B	4	0	16	D	16
B	5	0	7	D	7
B	6	2	17	D	15
B	7	3	22	D	19
B	8	7	15	D	8
B	9	8	20	D	12
B	10	10	16	D	6

表 15.6　生存に関する研究結果の例

（C）」欄には "D" を記載する．また，観察終了以前に追跡不能になってしまったが，それまで生存していたという場合は，追跡不能になった時期を「観察終了」欄に記載し，「死亡（D）／打ち切り（C）」欄は "C" を記入する．もちろん，2 年後の観察終了時まで生存していれば，「観察終了」は 24 で，「死亡（D）／打ち切り（C）」欄は "C" である．そして，「観察終了」から「組み入れ時期」を引いて「生存期間」を求める．

　以上の結果をまとめたのが図 15.1 である．実際の研究は図 15.1 のように行われたとしても，これでは解析するのが困難だろう．そこで，試験に組み入れたときを 0 として，生存期間（観察期間）を見やすくしたのが図 15.2 である．

観察期間（月）

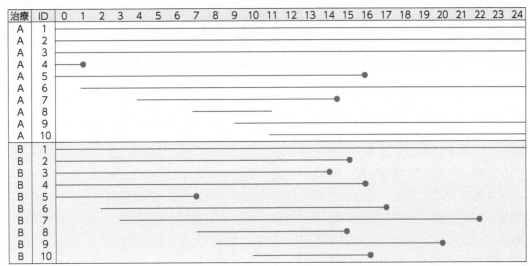

線の終点が●のものはその時点で死亡したことを表す

図 15.1　生存に関
する研究結果の例

観察期間（月）

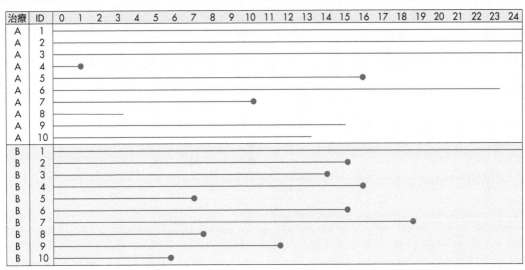

線の終点が●のものはその時点で死亡したことを表す

図 15.2　生存に関
する研究結果の例
(2)

B.　カプラン-マイヤーの生存曲線

　ある一定期間の生存率をより見やすく整理したのが，**カプラン-マイヤーの生存曲線**(Kaplan-Meier survival curve)である．これは，観察する集団の中で死亡などのイベントが発生したときに，それまで生存していた(そこで死亡した)という条件のもとで生存率を計算し，それを時系列のグラフとして描いたものである．このときの生存率の計算から生存率の標準誤差，そして生存率の95%信頼区間も算出される．

　図15.2をもとに描いたカプラン-マイヤーの生存曲線は図15.3である．また，各治療法について，最終的な生存率とその標準誤差や95%信頼区間を計算した結果を表15.7に示す．この例では，治療法Aの生存率の95%信頼区間(0.2830〜0.9770)は，治療法Bの信頼区間(0.0000〜0.2859)と重なっている部分がある．したがって，治療法Aと治療法Bの生存率には統計的に有意な差はない．

　カプラン-マイヤーの方法は生存曲線を描くのによく利用され，生存率の評価には次項で紹介するログランク検定のほうがよく使われる．

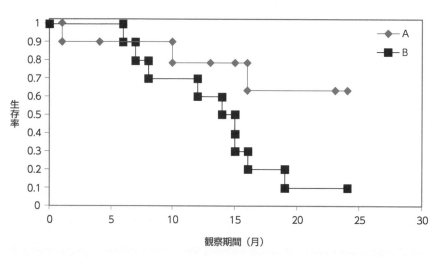

図15.3　表15.6のデータから描いたカプラン-マイヤーの生存曲線

治療法	データ数	打ち切り数	生存率	標準誤差	95%信頼区間	
					下限	上限
A	10	7	0.63	0.1770	0.2830	0.9770
B	10	1	0.10	0.0949	0.0000	0.2859

表15.7　カプラン-マイヤーの生存率(表15.6のデータを解析)

C. ログランク検定

ログランク検定(log-rank test)は，表 15.6 のようなデータで A，B 両群の生存率(イベント発生率)を比較するのに利用される．ログランク検定では，「A，B 両群のイベント発生率には差がない」という帰無仮説を検定する．そこで A，B 群の区別なく，期間中に観察されたイベント発生率の曲線を描き，A 群，B 群の曲線がそこからどれだけ離れているかで有意性を検定する．

このとき，**コクラン-マンテル-ヘンツェル検定**(Cochran-Mantel-Haenszel test)という方法を計算に用いる．コクラン-マンテル-ヘンツェル検定は，複数の 2 × 2 クロス集計表があった場合，標本サイズなどの条件の違いを考慮して重みづけをしながら統合する方法である．14.2 節で学んだカイ 2 乗検定を発展させた方法といえる．

ログランク検定では，まずデータから生存率を計算する．その過程で，死亡者の発生や新たな被験者の組み入れなどが起こり，被験者数や生存者数が変化するたびに 2 × 2 クロス集計表で解析を行う．そうして得られた結果をコクラン-マンテル-ヘンツェル検定で統合し，生存曲線を求める．そして A 群，B 群の生存曲線が平均的な生存曲線からどれだけ離れているかによって，有意性を検定する．

表 15.6 のデータをログランク検定で解析すると表 15.8 の結果が得られる．この研究では A，B の 2 つの群を比較しているので，自由度は 2 − 1 = 1 である．カイ 2 乗検定の応用なので，データから計算されたカイ 2 乗値と，それをカイ 2 乗分布に当てはめて得られる P 値，カイ 2 乗分布の 95% (0.95)点が出力されている．この結果から，P 値(0.045384)は有意水準(0.05)よりも小さいので，統計的に有意であることがわかる．

表 15.7 と表 15.8 を比べてみると，カプラン-マイヤーの生存率では A 群の 95%信頼区間の下限(0.2830)は B 群の 95%信頼区間の上限(0.2859)よりも小さく，両者の 95%信頼区間は一部重なっている．一方，ログランク検定では，P 値(< 0.05)により両群の生存率に有意な差があると評価されている．P 値で評価するほうがわかりやすいので，生存率の検定にはログランク検定がよく使われる．

表 15.8　ログランク検定による生存率の差の検定 (表 15.6 のデータを解析)

自由度	1
χ^2 値	4.004301
P 値	0.045384
χ^2(0.95)	3.841459

D.　コックスの比例ハザードモデル

14 章で相対リスクの信頼区間や検定方法を学んだ（14.5.A 項）が，表 15.6 の
データについて考えると，この相対リスクも何らかのイベントが発生するたびに
変化することがわかる．時間的な経過を考慮して，相対リスクの差を検討するの
が，**コックスの比例ハザードモデル**（cox's proportional hazard model）である．

この方法では，相対リスクの推定値としてコックス相対ハザードというものを
求め，そこから比較したい 2 群の効果の差を検定する．この方法は多変量解析
（12.2 節参照）の 1 つだが，ここでは名称とあらましだけを紹介するにとどめる．

第 15 章　演習問題

【1】　ある大学の学生食堂では，昨年度までの実績をもとに，目安となる提供食
　　　数（期待値）を設定している．今年度のはじめの 2 週間の 1 日当たりの平均
　　　提供食数は表（講談社サイエンティフィクの Web ページからダウンロードできる）
　　　のとおりであった．今年度の実績は，期待値と違いはないといえるか検討
　　　してみよう．

【2】　本書ではこれまで，Excel を使ってできる分析を行ってきた．しかし，本
　　　章で紹介したマン-ホイットニの U 検定，クラスカル-ウィリス検定，カ
　　　プランマイヤーの生存曲線，ログランク検定，コックスの比例ハザードモ
　　　デルを，Excel を使って手作業で行うのは大変である．これらの分析を行
　　　うには，統計ソフトを使うのがよい．
　　　統計ソフトには，無償で利用できる R（や EZR）のほかに，比較的安価で直
　　　感的に操作できるアドインソフト Statcel 5（『4Steps エクセル統計　第 5 版』
　　　〈オーエムエス出版〉の付録）がある．また，学生であれば，SPSS（IBM），
　　　JMP，SAS（ともに SAS Institute）などを無償で使える学校もあるだろう．利
　　　用しやすい統計ソフトを使って，自分の手でこれらの手法を試してみてほ
　　　しい．

参考書

初学者向けテキスト
- 新・涙なしの統計学　D. ロウントリー著，加納悟訳，新世社（2001）
- エクセル活用 コメディカル統計テキスト　宮城重二著，医歯薬出版（2009）

統計解析をするときに役立つ実用書
- 論文を正しく読み書くためのやさしい統計学（改訂第 3 版）　中村好一編，診断と治療社（2019）
- バイオサイエンスの統計学　市原清志著，南江堂（1990）
- 4Steps エクセル統計（第 5 版）　柳井久江著，オーエムエス出版（2023）
- もう悩まない！論文が書ける統計　清水信博著，オーエムエス出版（2004）

栄養疫学に関するテキスト
- やさしい栄養・生活統計学　縣俊彦著，南江堂（1997）
- 健康・栄養・生活の統計学　宮城重二著，光生館（2005）
- 栄養疫学　坪野吉孝・久道茂著，南江堂（2001）

医学統計などのテキスト
- 医学研究における実用統計学　Douglas G. Altman 著，木船義久・佐久間昭訳，サイエンティスト社（1999）
- 医学研究のための統計的方法　P. Armitage & G. Berry 著，椿美智子・椿広計訳，サイエンティスト社（2001）
- 数学いらずの医科統計学（第 2 版）　Harvey Motulsky 著，津崎晃一訳，メディカル・サイエンス・インターナショナル（2011）
- 統計的多重比較法の基礎　永田靖・吉田道弘著，サイエンティスト社（1997）

統計に関する辞典
- 医学統計学ハンドブック（新版）　丹後俊郎・松井茂之編，朝倉書店（2018）
- 統計学辞典　竹内啓編，東洋経済新報社（1989）
- 統計学辞典　Graham Upton & Ian Cook 著，白旗慎吾監訳，共立出版（2010）
- 現代統計学小辞典　鈴木義一郎著，講談社（1998）
- 医学統計学辞典（新装版）　B.S. エヴェリット著，宮原英夫ら訳，朝倉書店（2020）

基礎統計学 第 2 版 索引

著者紹介

鈴木　良雄
すずき　よしお

1985年　東京大学農学部農芸化学科卒業
1991年　大阪大学医学部医科学研究科修士課程修了
現　在　順天堂大学大学院スポーツ健康科学研究科 教授

廣津　信義
ひろつ　のぶよし

1986年　東京大学工学部計数工学科卒業
2002年　Lancaster University Management School, PhD Programme 修了
現　在　順天堂大学大学院スポーツ健康科学研究科 教授

NDC 590　　159p　　　　26 cm

栄養科学シリーズ NEXT
えいようかがく

基礎統計学　第 2 版
きそとうけいがく　だいはん

2024 年 3 月 14 日　第 1 刷発行

著　者　　鈴木良雄・廣津信義
　　　　　すずきよしお　ひろつのぶよし
発行者　　森田浩章
発行所　　株式会社　講談社
　　　　　〒112-8001　東京都文京区音羽 2-12-21
　　　　　　　販　売　(03)5395-4415
　　　　　　　業　務　(03)5395-3615

KODANSHA

編　集　　株式会社　講談社サイエンティフィク
　　　　　代表　堀越俊一
　　　　　〒162-0825　東京都新宿区神楽坂 2-14　ノービィビル
　　　　　　　編　集　(03)3235-3701

本文データ制作
カバー印刷　　星野精版印刷株式会社

本文・表紙
印刷・製本　　株式会社ＫＰＳプロダクツ

ISBN978-4-06-533602-1